理解花园设计

小园林设计与技术译丛

理解花园设计
——园林设计师详解手册

［美］瓦内萨·加德纳·内格尔　著
戴代新　孙　彬　译

中国建筑工业出版社

著作权合同登记图字：01—2013—5649 号

图书在版编目（CIP）数据

理解花园设计——园林设计师详解手册/（美）内格尔著；戴代新，孙彬译.
北京：中国建筑工业出版社，2016.5
（小园林设计与技术译丛）
ISBN 978-7-112-18796-6

Ⅰ.①理…　Ⅱ.①内…②戴…③孙…　Ⅲ.①花园－园林设计－手册
Ⅳ.①TU986.2-62

中国版本图书馆CIP数据核字（2015）第293527号

本书由 TIMBER PRESS 授权我社翻译、出版、发行本书中文版
Understanding Garden Design/The Complete Handbook for Aspiring Designers/
Vanessa Gardner Nagel

责任编辑：戚琳琳　费海玲　张鹏伟
责任校对：陈晶晶　李美娜

小园林设计与技术译丛

理解花园设计
——园林设计师详解手册
[美] 瓦内萨·加德纳·内格尔　著
　　戴代新　孙　彬　　　　译
＊
中国建筑工业出版社出版、发行（北京西郊百万庄）
各地新华书店、建筑书店经销
北京嘉泰利德公司制版
北京利丰雅高长城印刷有限公司印刷
＊
开本：889×1194毫米　1/16　印张：14³/₄　字数：296千字
2016年7月第一版　2016年7月第一次印刷
定价：**120.00元**
ISBN 978-7-112-18796-6
　　　（28037）
版权所有　翻印必究
如有印装质量问题，可寄本社退换
（邮政编码 100037）

目录

致谢

　　本书得以顺利完成离不开众人的帮助。我的先生，Michael，是我的良师益友和励志导师。我的女儿，Wendy，让我萌生了写书的想法，并和其他家人一起在我身后一路支持。许多朋友曾帮助过我，特别是 Michael Peterson、Clark Jurgemeyer，以及志趣相投的 Bonnie Bruce、Laurel Young 和 Lesley Cox。他们利用宝贵的时间阅读本书的初稿并提出自己的见解。我的园艺朋友、专业同事和优秀客户为我提供了无限的学习机会。感谢 Timber Press 的工作人员，特别是 Tom Fischer，他允许我出书表达自己的经历和想法；Lorraine Anderson，她的编辑天赋使本书变得浅显易懂。特别要感谢这些承包商给予的时间和支持：JP Stone Contractors；Dinsdale Landscape Contractors, Inc.；JSI Landscapes；Tryon Creek Landscape；McQuiggins Inc.；D & J Landscape Contractors；Winterbloom, Inc.；Drake's 7 Dees；Circadian Consulting & Design；Landscape East & West；Energy-Scapes, Inc.；和 Landscape Design Associates of Westchester, Inc. 还要由衷感谢 Beverly Martin，他建议我写书；Allan Mandell，教我拍照时注意每一处细节；我的母亲和祖父，他们教会我热爱植物。

对 页 图　延 龄 草 （*Trillium kurabayashi*）是早春的惊喜。作者的花园。

概述

　　无论你是把景观设计还是花园建造当作毕生事业的园艺初学者，了解花园的规划、设计、建造的详细过程，都将成为你的宝贵经验。景观设计融合了大量的知识。从构想设计理念到运用设计原理再到置石布景，你将反复不断地测试自己的想象能力。因此，对整个设计过程的了解越深入，设计成果就越能令人满意。

　　我的景观设计实践是在从事商业建筑室内设计22年后开始的。那时我有室内设计的学士学位，但我又回到学校重新学习景观设计。我发现参考书的不足阻碍了整个景观设计的进程。关于特定领域和主题的资料有很多，但是我却找不到任何对景观设计学生、业主和设计建造承包商有帮助的综合性资源。

　　在从事景观设计一段时间后，我女儿打电话让我推荐一本景观设计的书。此前她一直在找能指导她打理自家花园的书。她说，"妈妈，所有的书都是从中途开始的"，并解释"中途"指的是讨论景观设计基础原理。而她需要的是一本真正从头开始的书。她意识到在考虑形式、肌理、均衡和其他设计原理前应该做些什么。

　　在我列举出一些工作以便帮助她开始规划她的花园后，她对我说："妈妈，你应该写本书。"就这样我的写书旅程开始了。

　　考虑到女儿的建议以及我作为一名景观设计专业学生的亲身经历，我完成了本书。本书以回答"为什么要设计？"这一问题作为开始。在我的室内设计生涯中这一问题一直萦绕在我脑海。除了让我享受自己所做的工作之外，设计带给空间使用者的益处是什么呢？我一直希望我的

对页图　房子南面一系列之字形的抬高种植床衬托出厨房门外诱人的花园。这种安排不仅增加了种植空间还避免了这一空间像保龄球道的感觉。Darcy Daniels的花园。图片由Darcy Daniels拍摄。

专业设计机构能够找到一种方法评价设计给人们带来的益处。而定义设计价值的衡量标准在哪里呢？

一场在高科技公司办公室里召开的关于室内空间设计的会议激发了我的研究。我发现那里蓝色和灰色的环境使我在短暂的时间里就倍感压抑。在这样的环境里工作，员工的感觉如何？

于是，我开始研究颜色的效益，并且试着从心理学的学术期刊和一些关于颜色心理学的书籍中寻找答案。由于资料的搜集工作早于互联网的出现，这使得我花费了比现在多得多的时间和精力。

对颜色的价值和颜色对员工情绪影响的研究，帮助我把一个充满"蓝色与灰色"的公司变成了一个丰富多彩的工作场所。

我的客户是如何从景观设计中受益的呢？这是接下来一个重要的问题。我知道一个满足客户需求的布局可以更好地服务客户。我希望设计能促进他们与自然的交流，使他们振作精神并热爱生命，帮助他们发现更为远大的目标和卓越的自我。一个花园不论如田园诗般美丽还是种满农作物，它都会将我们融入大自然和我们赖以生存的地球。当我双手沾满泥土时，有人曾告诉我，在这里我将发现智慧之美。这句话终将被验证吗？也许还没有，但它的确令我将花园设计当作毕生事业。

本书中的一个章节是关于施工和与承包商合作的事宜。奇怪的是，虽然鲜有人在书中提及此话题，但我的客户却时常问起。这个章节是在我建立数据库研究不同的景观承包商资源之后完成的。此章节的完成也受益于我在室内设计生涯中积累的知识和与多位杰出建筑师的合作。因为设计、绘制施工图和设计说明、投标、施工期间的跟进是我那时不断重复的工作。

本书的最后一个章节必然是庆祝与沉浸于花园。正如花园聚会是和亲戚朋友分享花园一样，开放花园则意味着与园艺同僚们共同分享花园设计的经验。为此我已经多次向俄勒冈州耐寒植物协会（Hardy Plant Society）、园艺大师（Master Gardeners）、花园保护协会开放日计划（The Garden Conservancy Open Days Program）等组织机构开放我的花园。然而，时刻保持花园的最佳状态使我有了无形的压迫感。我不认为花园必须完美或必须万事俱备才能邀请客人来参观。事实上，如果施工还在继续反而会收到更好的效果。开放花园是教学的良机，它们为参观者提供了更多的园艺学习机会。在从事花园设计40余年后，我坦言我仍未能了解花园设计的全部。尽管如此，无尽的求知欲和与各地园艺同僚们的珍贵友谊令我乐在其中。

在一个经过精心设计的边界，每一株植物都清晰可见，它们将按照现有的方式生长，最大限度地减少了空间范围内的修剪工作。由 Lauren Hall—Behrens，Lilyvilla Gardens 设计。

第 1 章
开始设计你的花园

为什么设计花园？

想想你人生中做过的各种事情，缝制裙子、建造房屋、出门旅行——因为在实践之前你已经制定了计划，所以这些活动通常都能成功完成。规划和设计就是意图和目标，他们赋予项目重要意义。

一些人认为设计过于昂贵，另一些人认为设计太过深奥，还有一些人认为设计令人生畏。然而谈到设计，它却是建造一个成功的花园必不可少的环节。经过深思熟虑并谨慎规划的设计将使你人生的各个方面都受益匪浅，其中包括你的身体健康、情感生活甚至经济状况。

对大自然和植物的热爱经常激发我们装扮花园以美化和整理周边环境的热情。但如果你认为花园设计就是植物种植，那你就错了。事实上，它远不止这些。设计是无形的。正是出于这个原因，人们随意地应用"设计"一词，好像它不需要经过深思熟虑。设计是一种创造性的尝试，它要求设计者拥有开放的思维和超越平淡的渴望。

通常，人们认为"设计"这一术语的释义模糊不清，但却大多能理解"规划"一词。这两个词语常常被当作近义词互换。然而，它们二者截然不同。设计和规划包含的是两种意图；在实践过程中二者缺一不可。规划先于设计，这个阶段是在为设计做准备；是在收集、查阅并核对信息；是在审核并明确方向。

规划为设计决策提供了基本原则。离开规划的设计就像要从帽子里变出兔子，只有经验丰富的魔术师才能表演成功。

你将学习：

- 花园设计的价值
- 设计开始前需要思考的事

对页图 每年春天都少不了报春花的影子，乏味的冬季更让人无法忽视这早春的一抹颜色。作者的花园。

未经过设计的与经过设计的花园之间的区别有如黑夜与白天的区别。未经过设计的花园在建造之初没有认真考虑布局和设计该如何与房屋的建筑造型及室内装饰相结合。未经过设计的花园通常只不过是拙劣地布置了基本的植物和草皮，随意堆砌的混凝土，偶尔配有秋千和栅栏作部分遮挡。而经过设计的花园的成功之处就在于它的规划不是只将设计当作表面功夫。设计过程中对花园的构思远不止将其各部分组合在一起那么简单。

规划和设计使花园与众不同不仅体现在布局改变和空间使用的效果上，它同时还给身处花园中的人带来视觉和情感的冲击。研究表明除了显著提高了美感之外，设计的优势还体现在心理、生理、社会和经济等方面。不论对设计了解多少，我们都应知道设计是一种有目的、有意义、创新的活动。

建造一个未经考虑的花园远比提前花时间规划和设计更为昂贵。如果你没有花时间了解植物的养护知识和合理的种植布局，那么植物的生长情况将不容乐观。因此在建造之初应花些时间研究景观材料、房屋及花园，学习如何改变布局，如何使整体布局最大限度地发挥作用。如果你对花园的建造有很高的期望，但却缺乏相关知识，预算有限，那么扩充你的知识让你在有限的预算中能做到更多，从而提高成功的概率。

超越爱好

新闻工作者科琳娜·朱利叶斯（Corinne Julius）在英国皇家园艺协会出版物《The Garden》(2007)中宣称，"历史上花园总是被用于讨论和评价社会。现如今大多数花园成为爱好者的追求。其实两种情况可以并存"。我们是不是应该不只将园艺工作当作一种爱好？花园是不是不仅仅局限于园艺？

由于花园规划和设计不是一系列随意的决定，世界各地的人都会问，花园的意义是什么？那些支持这项研究的人们都试图了解花园的建造究竟是一门艺术还是工艺。的确，他们认为花园的设计并不仅限于植物。花园作家斯蒂芬·安德顿（Stephen Anderton，2009）说过，"你不会在听莫扎特歌剧时谈论他在纸上谱写出动人音符时有多少乐趣。但那正是我们从事园艺工作时所做的事"。显然，并不是所有人都热衷于对知识的追求。针对这门深奥的学问有评论者指出，情感因素会推进花园的建造。他们认为一个人应该认真思考他感兴趣的事而非只是加以谈论。也许作为一种拓宽我们知识面的途径这个问题值得讨论。讨论又能让我们失去什么？花园的建造是艺术、工艺还是科学？也许三者都是，它们像紧紧相连的树干、树根和枝叶一样无法分离。

我们应该如何判断花园设计的好与坏？花园之美能够像艺术之美一样被观赏者发现吗？有一件事可以肯定，当我们将巧妙的设计运用在花园中时，可能会有更多人承认花园是美丽的。

花园与健康

在读过哈佛大学致力于环境研究的约翰·斯蒂尔格（John Stilgoe）教授的文章后，我意识到人们对设计的普遍看法可能正处于转型期。他说："有新的医学研究表明景观的美学价值是建立在医学原因之上的。在花园里你的情绪将变得更好（Colman，2003）"。

康复花园的数量的确正在增加。针对花园中的病人，尤其是住院治疗的病人的研究，人们对花园的情感回应方面给我们带来了一些有价值的信息。研究表明，与其他人相比那些欣赏大自然和自然元素的病人康复速度更快，对药物的依赖更少，出现术后并发症的概率也更低。

如果康复花园能帮助病人更快地恢复健康，那么花园对健康人群又有什么影响呢？加利福尼亚葛兰布易市马林癌症研究所（Marin Cancer Institute）放射肿瘤科医学博士弗朗辛·哈尔贝里（Francine Halberg）这样评价当地的康复花园："它带给患者视觉上的安慰，使患者融入大自然，让患者有种平和的感觉。花园的灵魂是种植和养护，它让人感受到联系而不是孤立。"加利福尼亚圣地亚哥儿童医院和医疗中心的康复环境协会志愿者 Deborah Burt 认为，"大自然能抚慰人的内心和灵魂，而这些是医生无法做到的。这就是康复花园的初衷——治愈你身上医生无法治愈的部分"（《Healing gardens》，2002）。

也许我们可以推论花园能够在疾病到来之前起到预防和治愈的作用。据资料记载，相关研究早在 1937 年就已经开始了，并且一直在继续。我们的身体每一秒都发生着无数次的交互。研究学者已经证实通过视觉传送至大脑的信息将影响荷尔蒙的分泌、身体的机能、从而改变健康状况（参考例证 Rossi，2004，pp.68-69）。似乎我们的所见所闻最终都会转译给我们身体里的细胞。也许如果我们的所见对心智的影响是正面的，那么对细胞的作用也是健康的。同理，消极的景观也会带给我们负面影响。我一直确信经过良好设计的空间会给人以正面影响，可是我却从未想过它竟然如此重要。

然而奥利弗·佩尔加米（Oliver R.W.Pergams）和帕特里奥·扎拉迪奇（Patricia A. Zaradic，2008）的研究结果却不容乐观，出于各种原因，美国人待在家里的时间越来越长。尤其是我们的孩子更是如此。与外界环境失去联系的孩子就等同于即将到来的灾难。佩尔加米和扎拉迪奇将这种对电视和电脑的热衷称为影像亲近症，并在研究中写到"影像亲近症已经成为肥胖症、社交障碍、注意力紊乱和学业荒废的一大诱因"。花园为孩子和我们自己提供了重新接近大自然的机会。这反过来也鼓舞着我们关心环境。

园艺也许不能减轻你背部的疼痛，但是它却用情感联系支持着花园工作者坚持不懈的精神。早春的一天，当我漫步在我的花园时欣喜地发现了小小的蓓蕾，顿时一种无法言语的骄傲感油然而生，这足以指引我在又一个灰暗阴雨的天气中前行。

不计其数的哲学家曾强调过应该活在当下、克服思维过于活跃的困扰（Tolle，1999）。如果你在夜里需要靠数羊催眠，因为你的待办事项列表总是在头脑中跑来跑去，你就会明白其中的道理。研究显示当我们观察到大自然的美景时，我们头脑中喋喋不休的声音就会安静下来。几秒钟过后，我们的大脑就会开始思考问题而非单纯地感受美景带给我们的震撼。

我们会说，"这里美得令人窒息"、"这里的美简直无法用言语表达"诸如此类的话，是否听起来耳熟？

我们是否不自觉地寻找着美的踪迹以平静我们的思绪？大自然对我们的熏陶究竟到了何种程度？我们中有谁没有体会到压力减轻时的愉悦？

在俄勒冈州波特兰市古德·撒马利亚医院（Good Samaritan hospital）一处花园中，员工和病人一起体验大自然的治愈环境。

我们的眼睛和大脑有能力自主排解压力吗？大自然的美丽能够给我们援助和支撑，并减轻我们的压力吗？偏激的想法！我们都知道当压力减轻时，我们的身体健康会得到改善。一些人还相信平静的思绪会激发灵感和创造力。健康的体魄和创作灵感的源泉——除此之外一处巧妙构思的花园还能带给我们什么？

自我陈述

在花园设计中，我们有可能展现我们的文化、我们的历史、和我们生命的本质。花园可以并且应该是自我陈述。有那么多与众不同的矮人雕像可以选择，我们为什么还想要和邻居家的相同呢？如果那件庭院装饰与你的个人经历和背景毫无关系，复制一尊"不可抗拒"的雕像又有什么意义呢？

我们不能因为害怕设计失误而产生对原创的恐惧。如果我们遵循合理的规划实践和经过检验而可靠的设计原则，就会对自己的设计作品胸有成竹。然后再将成功的硕果展示给那些持反对意见的评论者。建造花园会给我们带来极大的满足感，因为它不只是布满悦人的植物，还蕴含着我们自己的人生哲理和美好回忆。

开始建造你的花园

假如设计你的花园是一项工程，那么开始一项工程之前，首先要明确它的范围。如果你没有建立参数，又如何能够创造出成功的设计方案？请考虑花园的目标设定。这和准备一顿假日晚餐

没有什么不同。由你来制定菜谱，列出购物清单，擦亮餐具，烹饪每一道菜，上菜。如果没有计划，你将在冰箱里翻来翻去不知道该做什么菜。

那些春天里起着光合作用的小小宝石很容易影响我们的判断力。当我们走过苗圃，眨眼间发现一车的报春花。看着窗外那个毫不相干又杂乱无章的院子，幻想着花园中幸福的露天野餐。超

大自然之美给我们的花园设计带来了灵感。注意植物种类的简洁性和植物的体量。

越"今年夏天我的花园需要种一些牵牛花"的类似想法，所带来的回报远远大过一片色彩鲜艳的花朵。也许我们需要的是种植发烧友匿名互助会（Plantaholics Anonymous）的帮助以保持我们不偏离花园设计的目标。

花园的文脉

我们从广阔的视角或花园的整体环境开始逐一完成我们的目标。我们花园的文脉是什么，为什么它如此重要？

研究你未来的花园的位置。如果你住在乡村别墅，你会按照适合市中心公寓的方式设计你的花园吗？乡村别墅的广阔，决定了花园类型与只适合放置鱼缸的狭小空间尺度的公寓花园迥然不同。它们的设计风格也可能不同，导致花园的差异性更大。好比一个是住在森林的中央，另一个与邻居仅10英尺之隔而且中间还有一棵50英尺高的冷杉树，可见二者差异之大。如果你住在森林附近或森林里，请不要忽视花园还有防火的特性。

研究你的周边环境。你能从邻居家借来美景吗？一个公园或是一片森林。想象你的花园如何才能与周围环境相结合？你是否钟情于某种特定风格和类型的花园？你希望花园的格调安静又适合冥想还是生动而活泼？你的设计对象是一个现有的花园还是一片满是泥土的空地？

对建成环境的衬托

任何优秀的花园设计都应该衬托它周围的建筑和室内空间。那些宣传花园对提高建筑外观起重要作用的电视节目，我们看过或留意过多少？同样，当我们为景观工程做计划时是否考虑过我们住宅的价值。

住宅地处城市、郊区还是乡村环境会影响花园的设计。与邻居之间的距离越近，对花园的影响就越大。比起与最近的邻居相距一英里的住宅，地界零线住宅（房屋的一面外墙为地界墙）的隐私空间和景观问题更为复杂。在城市环境中，人们通常步行至公园和餐馆。在郊区，这些日常便利设施也许同样方便，或相差不多。但如果是住在乡村，创建你自己的日常便利设施就显得尤为重要了，它可以在最大程度上减少出行次数并提高住宅的使用性能。与邻居相距越远，就越需要自立。也许园艺工具室变得很重要，同样地，也需要一个处理庭院垃圾的堆肥场所。

区位，区位，区位

每个房地产经纪人都会告诉你"区位，区位，区位"在房产交易中极其重要。我看到过太多人在建造花园时没有仔细考虑过他们的住宅如何与当地环境融为一体——尤其是与周围环境的融合。而过度建造的花园却不常见。通常情况下，人们建造花园的标准都低于个人住宅的建造标准。

将你的景观工程融入周边环境，在设计中考虑沿街树木和房屋周围的整体环境。花园周围是老街区还是新街区？老街区也许意味着街坊邻居会对你的花园工程发表意见——并且乐于将他们的意见与你分享。周围的街道是宽的还是窄的？是一条死胡同还是主要街道？经过你家门前的车流速度也可能影响到你的设计方案。这是一个有着良好安全性的封闭式社区吗？鉴于社区的高安全级别，可以减少花园在房屋周围安全措施上的预算。

不论社区是否封闭，许多社区都会以 CC 和 Rs（契约、条款和限制）的形式明确房主必须遵守的规定。房主通常要向委员会出示需要审批的花园设计方案。尽管一些房主会抱怨规定太过苛刻，但这个过程的目的是为了给设计方案把关，从而起到维护房屋价值的作用。如果你在花园中布置了矮人雕像、粉色火烈鸟雕像或是仙人掌盆栽，可能导致不近人情的委员们对你的花园进行新一轮复查。

除可能存在的 CC 和 Rs 以外，地方法规和地役权也可能约束你的设计。地役权通常允许机构和单位接近或进入你的私有住宅。例如，公用事业公司可能需要在你的私有住宅中安装设备。每个社区都有一个建筑规范，它明确了一些细节，如栅栏的高度、新建筑的建筑退线（建筑物与街道、人行道或用地红线之间的距离），或是停车带上树木的种类。明智的做法是在完成设计之前约见一下地方官员，并且查阅可能影响你设计方案的法规。

你可能会发现你的私有住宅有一项地役权。正常情况下，在你购置房产时所带的文件里会注明这一信息，并且公共档案里也会有相应记录，可以通过地方政府查询。某些类别的建筑施工通常需要取得许可——例如游泳池和露台。虽然办理许可的费用和过程可能会令你"咬牙切齿"，

但是要求办理许可是为了保证公众的健康、安全和福利，而不仅仅关乎金钱。办理建筑许可的地方通常就在你约见地方官员的政府部门里。如果你的房子坐落在历史街区，那么你的设计会受到更多约束。作为许可审批过程的一部分，设计审核委员会将对你的设计方案进行审核与批准。

健康状况的影响

当你规划一个花园时，记得要考虑自己的年龄和使用花园的能力。针对需要坐轮椅的人，常规的解决方案是利用高位栽培床增加花园的水平高度，以及创造坡道代替台阶。围栏能够保护学步的小孩，因此也必不可少。当你构思花园的无障碍环境时，你最好查阅一下美国残疾人法案（ADA）提出的建造标准。即使目前你的家庭成员中没有人需要特殊的专用通道，身有残疾的客人（甚至在你自己暂时身体不便时）也会为能够来到大门口并置身于花园中而心存感激。考虑以你的年纪是否还有能力打理花园，这将决定你对种植品种、草坪的铺设面积和地面铺砌的类型的选择。

在对花园进行规划时还需要注意居住者是否对某种物质过敏以及是否患有哮喘。随风散播的花粉和过重的香气会使鼻子感到不适。由糟糕的空气质量引发的哮喘正在不断增加。一些植物对改善空气质量有显著的效果。植物的汁液可以引起皮肤反应。有毒的植物对儿童和宠物有不同程度的影响，甚至吸引猫的植物对那些过敏人群而言都是一个困扰。

可持续性

可持续性是一个主流道德意识的问题。你知道可持续性的真正含义吗？当我们仍在找寻最佳定义的时候，由作家、建筑师 William McDonough（McDonough and Braungart, 2002）创造的术语"从摇篮到摇篮"形象地表达了它的含义。它提醒我们凡事都要留意出处和去处，对待我们在设计中使用的给定材料也理应如此。我们所有人都要为从地球所取、为地球所用负责。现在是时候把自己当成地球的好管家，并且用我们一生的时间爱护它。园丁们正面临着道德挑战，"不要在意你的园艺技术如何，多关注你心中的绿色"。

美国有一种神圣不可侵犯的东西：草坪。你也许正在为草坪干枯而烦恼，但是当你静下来的时候，你就会思考养护草坪需要什么，这么做真的值得吗？草坪的耗水量大得惊人，为了使草坪保持那一抹我们所熟悉的绿色，养护工作中通常要使用化肥、除草剂和杀虫剂等化工产品。

我的一个客户就她家所在的街区和我进行了一次令人不安的谈话，那里几乎所有人都能负担得起景观的养护工作，以保持他们的草坪如高尔夫球场一样整洁。当我们谈论起养护过程中为达到修剪整齐的效果而使用有毒的化学物质时，她向我讲述了她的一个亲身经历。当她在街区附近闲逛时，她发现人行道上有大量的蜜蜂尸体。于是我们推断蜜蜂的死亡可能与使用有毒化学物质有关。如果非要说出一个为什么要使用无毒的花园养护方法的理由，这就是一个。

越来越多的商户为不可持续的养护方法和产品提供了可持续的替代产品。这些新选择的价格将会逐渐降低。最终，我们将学会放眼全球，立足本地。保持对外面世界的好奇心。有着环境保护意识的企业主正在着手研究全新的、经过改良的方法以帮助我们创建和养护我们的花园。我们应将检验新养护方法的可行性当成一种责任，并将其运用在我们的花园设计中。

保留什么？

花园设计师常被问到现有的花园应该保留什么、重新布局哪里，或做何改变。如果你继承了一个现有的花园并且禁得住等待，那么坐等一年的时间会对你有所帮助，除非发生紧急情况需要提前动工。这段时间里你可以记录下每个季节中花园里生长和枯萎的植物。你也许会在花园中发现在春秋季生长旺盛的鳞茎植物，而你在前一年冬天搬进新居时却未曾见过。一幢全新的或最近刚刚建成的房子通常意味着应该尽快完成它的景观工程。拖延的后果是每次雨后都要洗大量的衣服，清理每个孩子和宠物脚上的泥浆，更别提你自己的了。

何时动工？

花园工程的施工不一定要一次完成。事情必须按顺序完成，但不管出于什么原因，花园的建造却是分阶段进行的效果更好一些。预算是分阶段建造花园的一个主要原因。承包商的日程表也同样决定了花园各部分的施工安排。除此之外，一年中的时节也影响着我们在特定时间内施工量的多少。如果土地被冻住，自然就无法安装水电设施了。如果提前做好准备工作，石方工程和路面铺装可以在寒冷的气候下进行。甚至在某些情况下，混凝土的浇筑也可以在寒冷和潮湿的天气下完成。

如果地面没有结冰，你可以在冬季结束之前趁植物还在休眠时栽种落叶裸根植物并给一些植物修剪枝条。

工程开始时应注意的事项

在你开始规划你的花园之前，你需要对若干事项做出决定。谁将负责做出决策和控制预算？你是否有竣工期限或者固定的日程表？现在就应该解决这些问题，因为拖到以后可能会导致情况变得尴尬或使工期推迟。

谁做决定？

提前确定花园工程中决策制定的方法，因为之后需要做的决定会有很多。如果一个人负责对所有的事情做决定，那么除了需要及时做出决定以外就不会有多大问题了。当多个决策人有着同等权威时，事先商定就尤为重要了。也许每一个决定都要靠抽签完成，也许你们同意每个人有一个决定范围。然而，提前商定如何解决意见纷争可以避免离婚、竣工时间超出预期，或者承包商甩手走人。

这可能也帮助理解决定是如何做出的。如果经验告诉你一个人为装饰已经痛苦挣扎了一个月，那么应再增加一个月到日程安排中。不要让做决定使你的工程脱离轨道。

关于资金

工程的可用资金影响着它的范围。事先做些功课了解何处需要用钱。没有什么比做好了一个恨不得马上动工的完美设计，却发现资金不足更令人沮丧了。如果你聘请了专业的设计师或建筑师，他通常会提醒你那些宏伟的构思意味着大笔的花销。如果你因资金无法一步到位将工作分期进行，你的设计中可能要包含某些原本不必要的东西。大概了解你将在这里居住多久会帮助你决定在花园上花多少钱。如果你购置房子是为了暂

石墙的建造是以混凝土砌块为基础，表面用石块堆砌。假如天气允许拌制砂浆且所有的挖掘工作都已经完成，承包商就可以着手这部分的建造，即使是在冬天。由 McQuiggins 公司设计并施工。

时的过度，它的外观可能比满足所有功能需求更重要。但是，如果你是为了长期居住，也许应该增加预算，尤其是当增加的项目能够提高你的生活质量时。

你计划如何使用花园，这将在很大程度上影响你的现金支出。与频繁出差的单身商业人士相比，经常在花园里招待客人的园艺爱好者和房主的预算通常会高很多。如果家中有十几岁的青少年，房主会更加倾向于考虑在花园中建造一个游泳池，但当家中有正在学步的小孩时则通常不会。因此，如何使用花园将影响你的预算以及花园的整体设计。

当风景园林专业人士为客户解释景观工程的花销时，看到客户惊讶的眼神也不足为奇。以下是关于住宅的景观工程的一些建议：

- 美国风景园林设计师协会（ASLA）建议，花园景观工程的预算应该在房屋价值的10%左右。

- 美国苗圃与风景园林协会声称，出售房产时应已经收回景观工程成本的100%～200%。

- 盖洛普咨询公司（The Gallup Organization）认为景观工程可以使住宅价值增加7%～15%。

大多数人的头脑中都对他们的花园有明确的功能需求，要求有一定量的地面铺装或水景，但会使造价高于美国风景园林设计师协会（ASLA）推荐的百分比。如果住宅占地5英亩，推荐的百分比资金就只够用于房子外围一点点面积，因而我们必须考虑房子周边占地面积的大小，较小的占地面积会使资金应用的范围更大一些。

制定日程安排

大多数工程都有相应的日程安排，即使它只存在于房主的脑海中。日程安排会影响决策的方式——如果时间紧迫，快速决策可以让你无需改

任务	第一周	第二周	第三周	第四周	第五周	第六周
收集照片、汇集资料	● ● ● ● ●	● ● ● ●				
初步决策		● ● ●	● ● ●			
场地测量和拍照	● ●					
绘制底图	● ● ●					
明确规划概念			● ● ●	● ● ●		
检查铺装材料、植物和各项决策			● ● ● ●			
估算初步费用；核对预算				● ●		
起草最终总平面图					● ● ●	● ●
核对承包商名单及其资质文件				● ● ● ●		

从你期望竣工的日期起倒推制定日程安排，如果你发现已经超过了当前的日期，说明你的日程安排不切实际。你需要另寻他法，或做些改变缩短时间。

变原有的日程安排。做一些研究，它能帮助你制定出现实可行的日程安排。如果你不确定安装花园的照明设施需要多长时间，打电话给负责安装的电工，告诉他你正在做日程安排，并请他帮助你。让他知道你将电话通知他工程投标的时间。

如果花园必须按指定日期竣工，你最好倒向安排好时间，制定一个切实可行的日程安排。明确工程开始和完成的日期，并计算两个日期之间的时间量。接下来，列出你的各项任务，计算完成每项任务所需的时间并将它们相加。最后，将这些信息制作成表格。

如果完成全部任务所需的时间超过了你的可用时间，你就需要做出一些决定了。是否有哪些工作可以同时进行，或者是否多几个帮手会加快工作进度。如果这些方法都不奏效，你就需要推迟竣工时间，删除或更改一个或多个任务。按小时计算你的日程安排比按日计算有效。当你需要计算某人的劳务费时，可以用他的每小时劳务费乘以你计划好的小时量，转眼间——你完成了劳动力成本的估算。

现在你已经对花园设计的目标有了一定了解，那就起草一份范围说明书，明确整体规划方向吧。这时候不需要过多细节，除非你想在陈述中说明它们。为了解释范围说明书的写法，我给一个虚构的花园写了一份范围说明书。这个虚构的花园将为后面每一个章节中新的探索提供图解。

设计假想花园

范围说明书

这个虚构的花园仅由我本人构思并为本书所用。花园位于一块中等大小的城市地块上，它包围着一个普通农场风格的住宅。侧面是油漆过的木制护墙板与石块的结合；四坡屋顶上覆盖着深色的屋顶板。窗户基本上呈水平分布，它们被镶嵌在深褐色的窗框中。"房主"会保留现有的车道。前门和后门的门前都有一阶混凝土台阶，设计过程中可以将其保留或替换。需要修建几条新的小路通向房子的四周。房子的背面全部用栅栏包围起来，附近的特征包括一丛树木及一些其他东西。位于前面的两棵树会保留一棵。停车带将保持不变，它已经布局良好，与周围的环境很好地联系在一起，并且还种植了耐旱的植物。房子地处一片住宅区，附近行人的数量和车流量处于平均水平。

在这种虚构的情况下，我期望花园：

- 具有可持续性并对周围环境负责
- 属于现代派风格
- 能够同时提供安静的休息区域和娱乐空间
- 全年都有种植的区域
- 有发展兴趣爱好的空间
- 有一块宠物活动的空间
- 能够进行晚间活动
- 适合所有的客人，包括那些行动不便的人

第 2 章
记录场地

你将学习：
- 如何评估场地
- 如何在设计中理解和使用建筑元素
- 如何记录并测量你的房子和场地
- 如何绘制现状调查的平面图

评估场地：记录什么，为什么记录？

即使你能够回忆起听到、读到和看到的所有事情，在花园规划之初，记录场地仍然至关重要。对一些人而言，这项工作易如反掌；而对其他人而言则需要费一番气力。尤其是测量现有的树木和灌木丛，会比你想象中困难。更有难度的是测量生长着植物的陡坡。

测量工作越具挑战性，你就越倾向于测绘员的参与。我和我爱人的住所一面地势平缓，一面是陡峭的山涧。我们雇用了一些敬业的测绘员带着测绘装备在山涧一侧仔细作业，并获得了准确的测量数据——尤其是斜坡角度。他们的努力让一切都变得值得，更何况那下面遍地是粘手的、多刺的喜马拉雅黑莓。

你也许种植了有毒的常春藤、有毒的橡树、有毒的漆树，甚至是——好可怕！——野葛，或者全部四种再加上黑莓，如果真是这样那你真应该受到同情。那些你所偏好的草本野兽也许还未曾给你造成伤害。然而，如果你种植的植物被明令禁止，测绘员可能会要求你审慎排查并拔除这些植物。任何时候只要你有外来入侵植物，无论如何你都应该根除它们。必要时只能靠补种本土植物进行补救。重点是不论你雇佣他人测量还是亲自动手，你都需要做好充分准备以确保测量数据的准确性。

除测量之外，你还需要从其他方面对房子和场地进行评估。你的场地测量，正如人们所理解的一样，通常以若干基本目标作为开始：

对页图 通过树篱的借景在视觉上扩大了花园的空间。Doudou Bayol 花园，圣雷米，法国。

- 确定你的场地的整体尺寸和形状。注意标高的变化。你的房子是在山上还是在山谷里？房子周围的每一个斜坡有多陡？

- 了解你的房子。确定它的高度和形状。你的房子是矩形、L形，还是有棱角的？你的房子是错层式建筑吗？它有全采光地下室吗？

- 将你的房子与你的私有地产联系起来。你的房子与街道的位置关系是怎样的？你的房子与用地红线和邻居之间距离多远？

将这些信息记录在纸上仅仅只是一个开始，你还需要记录影响你设计的全部特征。此外，你也需要注意一些事情，例如日落的方向、土壤肥力、主要风向，以及邻居家靠近用地红线的树木对你的花园的影响。这些信息将为你的花园设计奠定坚实的基础。

记录你的住宅特有的奇特元素，例如哪里是鹿吃草的地方，哪里的地下水位略高，哪里更加通风。发现住宅的微气候，小区域会受到曝光和排水不同方式的影响。房子的每一面都有不同的日照强度和风力大小。其他元素，如混凝土人行道，能够影响土壤的pH值。你的记录越全面，花园的规划和设计就会越好。

建筑文档工作

你知道你的房子会说话吗？建筑的每一个细部和精微玄妙之处都是房子的一种语言。现在是时候注意这种语言，并且确定你的房子正在和你交流着什么。记录除房子以外的其他构筑物和它们的细部非常重要。这一信息将为你的花园设计提供方向和灵感。

建筑风格

建筑风格数量繁多。对你住宅的建筑风格有基本的了解非常有用。你的房子也许是单一的风格或是几种不同风格的结合，这些都体现在细部之中。而这些细部也许未必能被纯粹地归为某一类。尽管如此，不要低估区分建筑细部的价值。即使是那些似乎建筑风格模糊不清的房子，也有你应该关注的重要特征。

我的一个客户有一幢农舍，她认为自己的建筑风格不够清晰。然而，我发现一些特别的支架支撑着房子东西面向外延伸开的屋顶。这一线索被我使用在花园内部硬质景观的细部设计中。我将一部分窗户的顶部设计成拱形。同样的拱形还被我用于外部景观的设计中，如绿廊的顶部和天井内部的曲线，这些细部使花园与房子紧密结合。

这里展示的图纸将帮助你理解建筑细部的本质，并说明住宅的风格如何影响着花园的设计决策。

在建筑风格工作表中记录住宅特有的元素。你将在随后的规划环节中将这些信息作为参考。

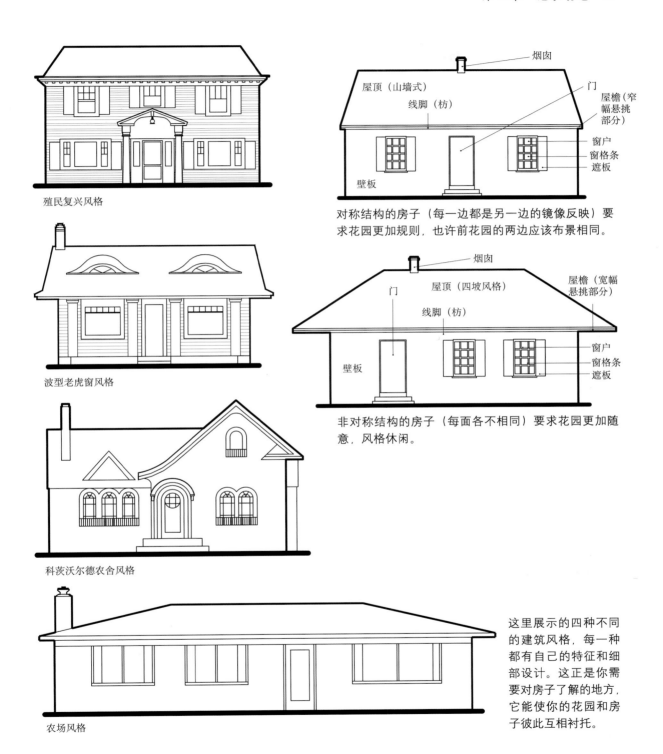

殖民复兴风格

波型老虎窗风格

科茨沃尔德农舍风格

农场风格

烟囱

屋顶（山墙式）

线脚（枋）

壁板

门

屋檐（窄幅悬挑部分）

窗户

窗格条

遮板

对称结构的房子（每一边都是另一边的镜像反映）要求花园更加规则，也许前花园的两边应该布景相同。

烟囱

门

屋顶（四坡风格）

线脚（枋）

屋檐（宽幅悬挑部分）

壁板

窗户

窗格条

遮板

非对称结构的房子（每面各不相同）要求花园更加随意，风格休闲。

这里展示的四种不同的建筑风格，每一种都有自己的特征和细部设计。这正是你需要对房子了解的地方，它能使你的花园和房子彼此互相衬托。

建筑风格工作表

层数

☐一层　　　　　☐两层　　　　　☐错层式　　　　　☐两层以上

屋顶坡度

☐平坦或稍微倾斜　　☐长而低　　　　☐高　　　　　☐平均

屋顶类型

☐山墙式　　　　☐四坡式　　　　☐复折式　　　　☐平屋顶

☐简棚式（没有山墙、四坡与复折的斜屋顶）　　　　☐混合式

屋檐

☐深　　　　　☐浅　　　　　☐无

烟囱

☐位于中间　　　☐不位于中间　　　☐无

壁板

☐木制护墙板　　☐乙烯基　　　　☐铝　　　　　☐纵向木材

☐企口板　　　　☐砖块　　　　　☐石块　　　　☐灰泥　　　☐半木料

轮廓线

☐长而低　　　　☐高度大于宽度　　☐宽度和高度大致相等

布局

☐对称，矩形　　☐不对称，矩形　　☐L 形　　　　☐U 形

窗户风格

☐双悬窗　　　　☐落地窗　　　　☐推拉窗　　　　☐弓形窗或凸窗

☐老虎窗　　　　☐圆顶或斜顶窗　　☐自定义形状

☐自定义玻璃材质（染色玻璃或三维立体玻璃）

☐混合式——清单

门的风格

☐实心门、无装饰、无玻璃　　　☐实心门、有雕刻装饰、无玻璃　　　☐无装饰、半片玻璃

☐有雕刻装饰、半片玻璃　　☐全片玻璃　　　☐滑动玻璃门　　　☐荷兰门（两截门）

☐混合式——清单

门的材料

☐天然木材　　　☐油漆过的木材　　☐油漆过的钢材

车库

☐连屋式　　　　☐独立式——其他

其他的记录可以包括一些细部，例如窗户的方向（水平或垂直、线性排列的方窗）、有无窗格条（水平或垂直的木条、窗框里用金属制成的小窗格）作装饰。有特别的支架支撑着屋顶的挑檐部分吗？有圆形或正方形的装饰元素吗？屋顶轮廓线的总体特征是什么：是单一的，还是一系列起伏线条？

记录房子正面的外观是否对称。并对房子的颜色和材料做详细记录，因为在以后选择花园材料时，它们将成为重要的设计因素。你的房子也许不会在你耳边低声诉说这些线索，但是你却可以看到它们。请将你看到的转译成设计定位中的提示。

其他构筑物

除房子以外的其他构筑物的细部，例如棚屋和分离式车库，也同样应该受到关注。其他构筑物与你的房子的位置关系如何：与它垂直？成一个角度？与你的房子相比，它们有多引人注目？它们挡住了你的正门吗？如果是这样，访客怎么找到这里？你能轻易发现房子上的门牌号吗？

也许你已经有一个现成的凉亭或露台，你想要突出它的显著特征。注意它与房子的细部和位置关系的相对重要性。园艺工具室让你看起来赏心悦目，还是宁愿看不见它？它和你的房子看起来相似还是完全不同？如果一个构筑物与你房子的风格完全不搭配，并且将其替换或迁移也不可行，那么你也许只能将其掩饰起来。

联系室内与室外

每次你出门时都要跨过门槛。门槛仅仅是门开着的时候空间中存在的一条线。它连接着房子两侧的墙体。为什么这条线决定着房子内部和外部特征的不同？如果你在室内使用了红色、黑色和黄色，请考虑将这些颜色也用在室外，以便使室内和室外联系在一起。

如果在你现代化风格的房子中，家具也是现代化风格，你为什么还要考虑在外面建造一个维多利亚风格的花园？这正如你穿衣搭配，你的腰线是身体上下两部分之间的马其诺防线吗？当然不是。我们用衬衫和罩衫搭配裤子和裙子，用配饰装饰整体——并不只是腰线以上。同理，我们是否应该在设计花园时不仅仅在头脑中构思室外的风格，而是将室内的风格也列入考虑范围之内。我们时常望向窗外，尤其是在冬天的时候。当我们将目光从室内极具观赏性的路易十四的座椅处移开，望向窗外那尊简易的亚洲雕像时，我们会有什么感觉？这并不是说一个折中的方法是不合理的。然而，要使这一想法可行，我们就必须关注基础设计元素。并且在室内到室外的整个环境中保持设计的连续性。

测量你的房子和地产

现在开始你要将一些测量数据落实在纸上，并着手绘制现状调查的平面图（有时也被称为基地平面图或场地勘查）。这个部分描述了使用的工具、如何确定比例尺，以及如何对平地和坡地进行测量。

测量工具

　　在你开始测量之前，你应该准备好这些工具：

- 至少一个软卷尺，100 英尺长

- 一个 25 ～ 30 英尺长的钢卷尺，用于测量建筑外围和较短的距离

- 如果你计划亲自测量，用一个或两个桩子标记测量点以便你返回原地重复测量，例如三角测量法，我将在后面再做解释。竹子和金属的烧烤串肉扦很适合用作桩子——它们很

容易插在地上，而且拔除后不留明显痕迹。

- 一个水准仪，用于测量坡度

- 一个码尺，也用于坡面作业

- 一个指南针，任意一种：用于定位方向和绘制圆圈和圆弧

- 建筑用比例尺或标尺，用于将场地测量结果按比例转化到图纸上

- 网格纸，比白纸更有用，因为在绘图时网格线和方格可以起引导作用

- 带橡皮擦的铅笔

一些测量用的基本工具，包括（从左边起顺时针方向）网格纸、一支铅笔、一个指南针、一个计算器、一个滚动测量工具、一袋桩子、喷雾粉笔、一个 100 英尺长的卷尺、一个建筑用比例尺和一个钢卷尺。

- 喷雾粉笔,有时有助于标记参考点和网格线,以便把地点反映在网格纸上。使用粉笔,不要用油漆,使你的碳足迹最小化;也可以使用其他工具,如带一个小孔的面袋,这样面粉可以从小孔处漏出来。
- 一部相机,因为参考照片可以节省你的时间——除非你愿意每次想不起来细节的时候都跑到外面去。我发现关键区域的照片可以提醒我记起忘了的事情。照片会帮你记录下至关重要的细节,例如一阶台阶比其他的短一些(这时需要更加谨慎),或者门槛与地面的高度关系(在决定铺装材料的厚度时很重要)。

确定比例尺

在你开始绘制平面图以前,先确定它的比例尺。你的网格纸也许是 1/4 英寸的网格。1/4 英寸可以等于你想要的任何长度。你也许决定让1/4 英寸等于 5 英尺,以便在一张纸上绘制出你的整个住宅。你也可以选择让每个 1/4 平方英寸等于 1 平方英尺。将它表示为 1/4″=1′0″,意思是每 1/4 英寸相当于 1 英尺。如果你用的是1/4 英寸的网格纸,这一比例尺会很适合你的平面图。如果你不需要记录得太详细,你可以使用1/8 英寸的比例尺记录现状调查。

记录测量结果

我知道的最简单的记录地产的方法是从测量房子的四周开始。用卷尺测量房子的每一面和它的边边角角。写下测量结果,然后用标尺或建筑用比例尺在网格纸上按比例绘制出你的房子。如果你让网格纸的每一格代表 1 平方英尺,那就仅仅需要每英尺一格这样数下去,或者用标尺和刻度测量会更快。标注每一扇窗户和门的位置。定位软管龙头、HVAC(供暖、通风和空调),以及连接到或者靠近房子的其他市政设施。注明与房子临近或相连的台阶和人行道。

文档记录的下一步是画出房子周围的用地红线。为了完成这一步,你首先需要找到县级测绘员放置的标记,这可能有些困难。如果你发现这无法完成,那么雇一名测绘员为你做一次“点测量”,对你需要的所有测量点进行测量,以标出你房子周围的用地红线。当测量点的位置全部就位以后,测量它们之间的距离并记录测量结果。如果用地红线的侧面不以 90°角相连,并且它们之间的连线不完全是直线,那么请将这些记录下来。如果你住在一条弯曲的街道上或一条死胡同里,你住宅前面标志物之间的线就可以是弧形甚至波浪形。地契图在大多数相关管理部门都可以找到。不论是通过在线获取还是咨询当地行政部门的记录员,他们也许都会给你一些有价值的信息,例如地役权,这也是你想要记录下来的。

一旦你完成了房子的绘制和用地红线的测量,你就需要标注房子在地产中与用地红线的位置关系。你的房子与用地红线的每一面都平行的情况非常少见。如果没有传统的测量设备,在用地红线内标出房子位置的最准确方法是对房子上的点与用地红线的交叉点作三角测量。三角测量法是一种基于简单的几何图形的测量方法，它能让你在一个三角形上找到一个未知点。以下是它的使用方法：

1. 在你的房子上选择两个点（我们将它们称为点 A 和点 B）。

2. 分别从这两个点向外测量至图纸上任意一个定位点（点 C，应为用地红线的一个交叉点，这里我用一棵树代替）。记录从点 A 到点 C 的距离并称之为 X。记录从点 B 到点 C 的距离并称之为 Y。

3. 在你的平面图上，以点 A 为原点、X 为半径，用圆规画一条弧线。

4. 以点 B 为原点、Y 为半径，画另一条弧线。

5. 瞧！它们的交叉点就是平面图上的点 C。

　　如果你继续用这个方法计算地产上其他所有物体，你就会得出周围所有你需要的重要物体的位置。如果房子距离地产上一些点太远，用两个新的已测点定位其他物体。如果必要的话，你可以用喷雾粉笔或桩子创建一些临时点。尽管如此，最好还是使用另一个位置固定的物

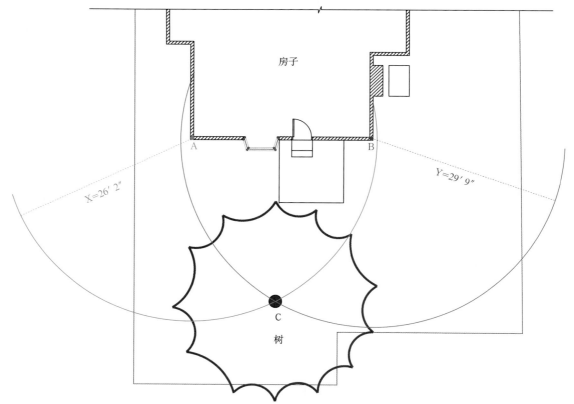

本图演示了如何使用三角测量法从房子上的两个点（A 和 B）计算出第三个点（C，树）。

体，例如仓库、露台或邮筒。

　　还有另一种方法可以用于测量房子和用地红线之间主要物体的位置：一个简单的线性体系非常适合标高变化小（小于 1 英尺）的小型庭院。如果测量地周围有许多树和小的物体，用线性方法测量可能会更简单。以下是你要做的：

1. 带上最长的卷尺并在地上将它从房子到用地红线垂直展开（假设卷尺有长度足够）。
2. 测量你想在平面图上定位的每一个物体垂直于卷尺的距离，并记录卷尺上的垂直交叉点与房子和与物体之间的距离，按照测量位置在平面图上添加物体。用同样的方法可以定位其他主要物体。

记录斜坡

　　如果你要修建斜坡或台阶以便在花园的一个坡面上活动，你就需要知道坡度。同样重要的还要注意在平面图上斜坡的距离并非实际距离——斜坡越陡，就越失真。例如，在鸟瞰平面图中，斜坡上两点之间的距离也许显示只有 10 英尺，但实际的地面距离却是 15 英尺。当你在计算需要种多少植物以保持坡面不受侵蚀时，这就出现了不同。注意并不是所有的斜坡都均等。一个斜坡也许持续逐渐下降，而另一个也许有一小段水平然后陡然下降。

　　测量斜坡时可以使用水平仪、桩子和码尺作简单测量。记住，斜坡越陡，水平仪就要越短，以便使用码尺。调整水平仪的长度，使之适合斜坡的情况。参考以下方法：

1. 找到斜坡上的高点。手持水平仪从高点指向相对低点，直到读数显示水平为止。
2. 用码尺测量水平仪与低点之间的高度差，并作记录。
3. 用桩子标记低点。记录水平仪的长度。它是 1 英尺、2 英尺，还是 4 英尺？
4. 从桩子开始，在下一个低点重复第一步和第二步。
5. 继续这个过程，直到你到达用地红线或斜坡底部。

　　得出测量结果后，绘制一幅与后面图示相似的图表。将你记录的所有高度差相加，算出斜坡升高的总量。将你在每一段测量时使用的水平仪的长度相加，算出斜坡长度的总量。要计算你越过斜坡所需的台阶数，就需要将坡高除以一个普通台阶的高度（7 英寸）。将总坡高除以前面得出的台阶数，就会算出每一阶台阶的实际高度。用总坡长除以台阶数，就会得出台阶的深度。

　　一般而言，修建台阶时坡高和坡长的最准确算法是使用坡高与坡长的比率，即坡高除以坡长的结果；例如，坡高 2 英尺、坡长 30 英尺的比率是 1:15。本图案例中，每一英尺坡高对应的坡长大约为 3 英尺 $9\frac{1}{2}$ 英寸，这表示它是一个陡坡。美国残疾法案提倡的坡度是 1:12，一个平缓的坡度。

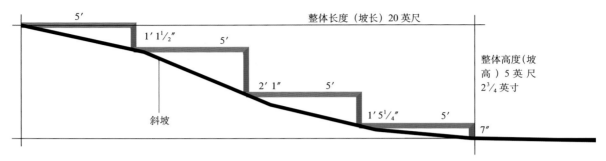

你可以用水平仪和码尺测量斜坡。本例中的水平仪为5英尺长。确定总高度（坡高）和总长度（坡长）是计算坡度和所需台阶数的基础。

地形调整中坡度值通常用百分比（或比率）表示。计算斜坡百分比的方法是把坡高除以坡长再乘以100。挖方（挖掘土壤）和填方（填充土壤）依赖于对场地地形的了解，进以计算哪里需要移走或填充土壤。如果你需要计算高难度的陡坡场地的调整工作，最好寻求地质工程师的帮助。

完成现状调查平面图

当你绘制完房子和用地红线之间的位置关系后，在上面定位出其他现状调查的结果。"现状调查"可以包括任何东西。它通常包括现有的构筑物、用地红线、市政设施的位置、硬质景观（即人行道、车道和栅栏）、日光和土壤条件，以及更多。记录任何可能会妨碍其他事物的东西，如果你无法或不愿移动它们。例如几乎无法移动但却想保留的植物，或者需维持原状的人行道。

在记录场地时，我会用数码相机对每一个重要的细节尽可能详细地拍照。我对地面上的各种情况拍照，例如门槛或树基周围。对台阶拍照以

记录它们有多少阶。拍照的内容还包括支柱、现有材料、相邻的地产以及各种可能影响设计决策的有利或不利条件。

其他构筑物

记录房子以外的其他构筑物非常重要。在平面图上记录附属建筑，如棚屋或独立式车库。记录每个构筑物的大致位置，不论你计划将它移除还是保留。如果你想要保留它，如之前建议的一样，要注意细节。

想要保留的植物

如果花园里有一些植物，那么在现状平面图上标记它们之前，你需要做一些决定。决定哪些需要保留、哪些需要清除并不是一件容易的事。如果你最近才搬进新家，你可能还没机会认清植物的品种和它们生长的位置，尤其如果它们正处于冬季休眠期。如果可能，保留一些植物会有所帮助，因为它们会使花园看起来更加完整和成熟。而且这样做也会减少植物的预算。更重要的是，

如果你种植了本土植物，它们可以为野生动物提供栖息地和食物。如果你自己无法确定，那就请园艺朋友或专家帮忙决定吧。

在决定是否保留一株植物时，检查它的健康状况。它在当前位置生长旺盛，还是纤弱？有没有枯枝、虫害或疾病？观察是否每株植物都长势诱人。如果你不在意植物的外观，考虑它是否可以作为背景植物衬托其他东西。它是否一年中只有两个星期看起来枝叶繁茂？它在夏季休眠吗？如果是这样，又是什么令你想要保留它？

在面积较小的花园中更要仔细查看每株植物，因为只有有限的空间可以用于种植。如果你决定拔除一株本土植物，考虑用另一株本土植物代替它。本土植物不只是一种无需打理、只靠自身生长的植物。而许多入侵植物却可以自己生长的很好。如果你要保留一株本土植物，确定它真的是当地土生土长的植物。

也许不必全部移除。如果一株植物可以被移植，那么考虑将它保留。同样要考虑的还有移植工作的难度。移植任何一棵直径大于 3 英寸的树木都可能过于困难和昂贵。如果你需要移除一棵树又无法将它移植别处，你就需要亲自将它砍倒，或雇佣树艺师和树木服务公司替你完成这项工作。如果新的种植和建筑方案要占用树木当前的位置，那么推迟移除树木将花费更多。现在移除树木可以避免它以后对施工和新栽种的植物造成破坏。

如果你必须移除一棵参天大树（例如太平洋西北地区 100 英尺高的冷杉树），你就需要腾出一块空地以保证砍伐树木的时候不损坏构筑物、高架电线和其他树木，或者可以将它分小段移除。树木服务公司通常会把原木拖走，或者将木材磨制成护根。如果树木服务公司或承包商能够售出原木，那么他们的收入通常足够抵消劳务费——或者甚至可以盈利。如果原木售出的价格高于承包商收取的费用，那么与承包商协商如何分配这笔收益。

你也许需要联系当地市政部门，让他们在移除树木期间放落电线和电缆。别忘记通知你的邻居以减少给他们造成的不便。此外，你也许还需要联系当地的园林管理局以获得砍伐许可证。地方政府通常会对一些情况加以限制，例如湿地中的树木、沿城市街道的树木，即使它在你的地产范围内，你可能仍需要获得砍伐许可证。请尊重他们试图通过挽救大树保护大自然做出的努力。

记录冬季里落叶植物的外观。像这株哈利·劳德尔的拐杖（*Corylus avellana* 'Contorta'），它看起来几乎和常绿植物一样引人注目（或者也许更加如此）。作者的花园。

树木是我们地球的肺，它们为野生动物提供着富饶的栖息地，即使是枯树也不例外，除非成为安全隐患或者有碍景观。

在决定是否移植一株植物时需要考虑的另一个问题是由谁移动它，是你还是承包商。如果你亲自动手，你将花费时间、付出汗水，还可能花钱买些工具。如果由承包商移动它，他向你收取的费用可能会超过植物本身的价值。有时更节省的做法是把现有的植物用来堆肥并买一株新的植物。在某种情况下，你也可以将植物捐赠给愿意移走它的人。我住的那个地区有一个接受捐赠并出售植物的地方，他们将所得的钱用于给宠物绝育。

如果你的花园空间有限，考虑是否还要建一个四季有景的花园。在一个小花园里，为无法跑完园艺马拉松的植物准备空间是一种奢侈。只有在大花园里，才能奢侈地种植那些特征只在短暂花期展现的植物。如果你的植物一年中至少有三个季节处于生长期，那么你将面临高额的养护费用。在第四个季节——冬季，评估这些植物，基于它们是否有常绿的树叶、健康的树皮、出众的外形、诱人的浆果，以及在隆冬时节盛开的花期。

那些休眠植物（因为每年都有休眠期，所以不会显得凌乱不堪）也许是你想保留的。多年生落叶植物每季都会枯萎，因此即使是在休眠期它们也应该看起来很好。例如，形如青草的植物脱水干燥后也很有吸引力。冬季里多年生植物的穗头也可以作为食物供鸟儿食用一段时间。休眠的灌木可能保留着色彩鲜艳的浆果或果实。如果可能，考虑保留冬季里能为野生动物提供生存环境

的任何植物。

在决定了想要保留哪些植物后，把它们添加到现状调查平面图里。

除其他事物以外，你还需要在平面图上记录下美景的方向——或你想要改变的令人生厌的景物的方向。著名的园艺设计师强调使用"借景"或其他地产的景色。你的花园景色或景观是否借自相邻的地方——水景、森林、都市风光？或邻居家秀美的树丛？

景色的自然属性将影响你的设计。水景中的水中倒影带来设计的灵感。都市迷人的夜景和闪烁的霓虹灯暗示你创造夜间使用花园的机会和减少花园局部区域的照明设计。将景色当作一笔财富让你的花园看起来更大。不必惧怕隐藏景色的某个部分，充分利用最美的部分并掩饰其他部分，这通常更令人着迷。留意广阔风景中的小插图可以鼓励你走进自己的花园，透过"窗口"和景框欣赏更大的图画。

相反，一处景观中也可能有你想要隐藏的地方，或者你需要在花园的一侧或多侧保留一些隐私空间。在这种情况下，你需要确定掩饰、隐藏和遮蔽视线的方法。

动物

如果你的地产面积较大，也许会有贪婪的鹿在你的院子里漫步。相信任何植物都不会受到鹿的侵犯未免太过天真。的确有防鹿植物，但它们

对懵懂的幼鹿和饥饿的成年鹿却未必有效。更有可能，不论你的地产多大，都少不了身怀绝技的松鼠、掠夺成性的浣熊和狼吞虎咽的兔子。偶尔到访的还有负鼠、海狸、土狼，甚至熊和美洲狮也可能在你的地盘出现。这些情况可能会促使你考虑加装不同类型的栅栏。

你可能也会因为一个池塘而不得不修改一个宏大的设计。在任何地方蚊子都是一个问题。大蓝鹭和其他爱吃鱼的水鸟可能会把你的新水景当成它们的自助餐厅。我多么希望能奇迹般地阻止偶尔遇到的大蓝鹭觊觎池塘里的鱼！你将挑战的是设计避开那些把花园当成餐厅的贪得无厌的动物。

你既希望阻止一些动物进入你的花园，同时又希望花园能如磁铁般吸引其他动物。周围环境中可能会栖息着蝴蝶、黄莺、两栖动物、蜻蜓，或有益的食肉动物，如蝙蝠，若想将它们引至花园，你需要研究它们的习性。将你想吸引的动物的小窝或栖息地融入你的花园不是一件难事。在平面图上记录你想要阻止或吸引的周边的本地物种。

微气候

每个花园都有自己的微气候，这是指一些地区有更多阳光或阴影、更干燥或更多降雨，或更多风。在你记录场地时，记录院子里的微气候至关重要。

首先确定太阳的方向和主要风向。使用指南针记录北方，并在平面图上用箭头表示它。然后记录夏季和冬季里太阳从哪里升起、它的运动轨迹，以及从哪里落山。不同的季节里，树荫和阳光的强度也各不相同。注意记录这些信息时所处的季节。如果是在夏季，那么你应该预料到落叶遮阴树会在冬天变得光秃，更多的阳光会照入其他阴暗的区域。记录主要风向，花园中可能有一些区域易受一年中不同时节的强风侵袭。

接下来确定湿度。天气决定相对湿度。记录这个因素，因为它将影响硬质景观的选材、陈设以及植物。如果你不确定当地的湿度，你可以通过天气预报了解它。空气湿度越大，室外装潢和木材盖板就越可能发霉和腐烂。湿度对你能够栽种的植物种类也有很大影响。高湿度常常会引起植物病害，例如黑斑病、锈病和霉菌。相反，极度干燥同样会引起各种问题。暴露在外的木头更容易裂缝和劈开。你需要在不同的植物名目中做出选择。在你的花园里，蓄水时间更长的地方通常比其他地方湿度更高。干燥的区域湿度也更小。海风会指引你找到适合那里环境的植物。

土壤类型

土壤类型决定着它的蓄水能力。黏土的细小颗粒比大沙粒吸水性更强。含有大量腐殖质和有机物质的土壤不仅可以保留水分，而且还有良好的排水性。这就是为什么对于许多植物而言，堆肥是一种重要的土壤添加剂。

除了蓄水能力外，土壤还有其他重要的特性有待研究。确定土壤类型也会帮助你了解它的休止角，即土壤能保持的最大坡度。沙子与黏土相比休止角更低。在修建斜坡、阶地和挡土墙时了解这些尤为重要。只有合适的土壤才能培育出健康的植物，所以为你的土壤测试是一个明智之举。你可能想在多个区域测试土壤以确定它的肥力。土壤测试会让你了解一些有用的信息，如土壤的pH值（酸碱度）、所含的矿物质和微生物群，以及每种营养成分所占的百分比。联系地区农业部门或县推广服务中心以了解相关信息。他们会为你详细说明采集过程、样本分析实验室的信息、相关费用（如果有），以及如何阅读和使用测试结果。

了解土壤的pH值对种植某些植物至关重要。化学肥料、混凝土、污染和腐烂的叶子等都对土壤的pH值有影响。若土壤呈酸性，而你想培育出完美的丁香、薰衣草和藜芦，你将需要用石灰岩的一种可用形式增加pH值。若土壤趋向于碱性，你就需要在种植杜鹃花（*rhododendrons and azaleas*）、山茶花时降低pH值。但是这可不像增加pH值那样简单。磨碎的硫磺、硫酸铁、尿素和其他添加剂可以降低土壤的pH值。大多数植物都需要特殊的矿物质，但几乎所有植物都需要特定的微生物群。如果土壤中没有这些物质，那么植物不但生长不好还有可能枯死。也许最好的方法是根据土壤的情况种植合适的植物。

测试土壤的pH值有很多方法。你可以用经济实惠的pH测试纸、石蕊试纸、电子酸度计，或者可以请专家测试。在使用pH测试纸和石蕊试纸时需要将土壤加一点水混合后测试。酸度计是将探针插入土壤中测试。

专业的土壤测试并不是一件难事。与其他

测试一样，它的测试结果只对测试对象有效。你可以从住宅周围不同地区采样，并综合得到一个平均结果，或者你也可以对不同地区分别测试。一些地区的某种土壤特性可能会影响测试结果——例如那里曾经是火山坑或你刚在那里施过肥。

化学原料，用于合成化肥、除草和防治病虫害，会给土质造成不利影响。它们清除了能够改善土壤健康状况和耕性的天然有机体。想想你不得不用抗生素清除病源的情景吧。因为抗生素是非特异性的，它同样也会杀死有益菌。这与你用农药在花园的某个区域杀虫相似。在种植新的植物之前，你需要为土壤重新补给缺失的养分。当地的苗圃可以为你提供各种有机材料，如菌根或微量元素，你可以根据需要添加到每个区域。

排水性

除了需要了解土壤的肥力以外，你还需要记录它的排水性。排水是指从一个地区天然或人工方式去除地表水和地下水。排水性差也许会对花园不利，但更主要的是一定会对房屋不利。因此就算不理会花园的排水性，你也需要改善房屋周围的排水。

审视你的地产，记录大雨时积水较多和快速干涸的地区。很可能你的住宅周围排水性各不相同。要特别留意房屋周围的整个区域。水需要从房屋附近的地基处排出以免对住宅造成损害。理想的情况是，你的住宅的排水不会影响到别人。如果排水有问题，将它记录在平面图上。在花园的规划阶段将着重解决这一问题。排水对决定可种植的植物范围和品种也至关重要。

如果你对一个地区的排水性心存疑问，那就请测绘员、土壤专家或地质工程师做一个渗流测试。如果你无需担心法律问题，当地的管辖部门会告诉你如何自己测试。

市政设施

每个人的地产和房子上都有各种不同的水电设施。将它们全部记录下来——架空的、地下的、房子上的，以及距离房子较远的。如果你不知道地下水电的位置，打电话给市政部门并让他们派人帮你标记出来。令人沮丧的情况是，你精心照料的树木开始超过预期生长——正好对着架空的电线。而掩饰架空线极其困难，甚至是不可能的。

水电设施同样需要便于维护。然而事实是，市政设施箱、电缆、电线和水管都影响美观并通常被放置在难以掩饰的地方。用植物或雕塑遮蔽市政设施箱能同时保证其易于维护。如果你将这些问题记录在平面图上，你就不会忘记制定解决方案。

周围地产的影响

如果你的住宅周围或附近没有令人反感的东西，你就极其幸运了。附近道路上车流的噪音、邻居家丑陋的栅栏、杂乱无章的树都令人头疼。偶尔还有飞过的高尔夫球？大树在你的住宅南面投射了长长的阴影？为了不遮挡邻居的视线你需要将树修剪得很矮？在平面图上记录住宅周围的事物，标记它们与你的院子的相对位置。

完成现场调研后，你应该总结房子的架构，绘制一幅展示全部当前情况的平面图，并准备一些照片以便日后做规划设计时提醒你需要考虑的重要因素。这些信息下一步将和你即将打造的花园特征列表编辑在一起。

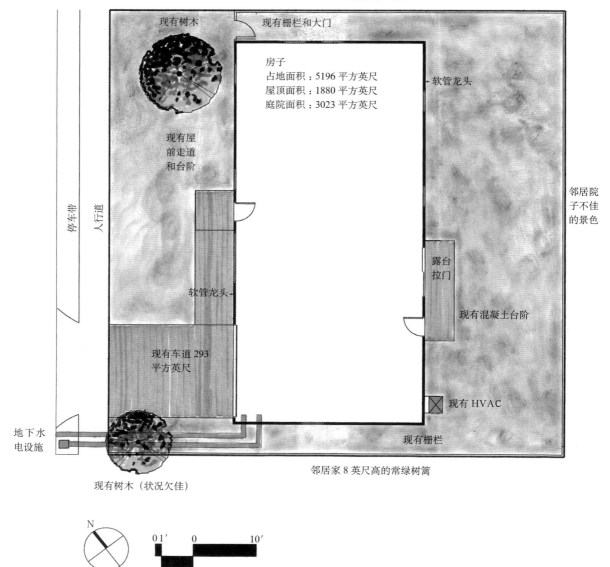

邻居家的常绿乔木

现有树木

现有栅栏和大门

房子
占地面积：5196 平方英尺
屋顶面积：1880 平方英尺
庭院面积：3023 平方英尺

软管龙头

现有屋前走道和台阶

邻居院子不佳的景色

软管龙头

露台拉门

现有混凝土台阶

现有车道 293 平方英尺

现有 HVAC

地下水电设施

现有栅栏

现有树木（状况欠佳）

邻居家 8 英尺高的常绿树篱

停车带

人行道

N

0 1′   0   10′

0   5′

这幅现状调查平面图记录了现有的植物和硬质景观，并标记了视线因素。

现状调查平面图

　　假想花园的现状调查平面图记录了北向和周围邻居的影响。花园的高度变化很小，在平面图上记录下来的只有通向前街的缓坡。其中一棵现有的树木状况欠佳，需要拔除，因此我将这一信息记录在平面图上。此外，我还记录了主要风向在冬天来自东面，夏天来自西面。

第 3 章
花园的构成

花园的基本构成

柏拉图说需要乃发明之母。他或许参透了其中的奥秘。最有创造力的想法通常源于完成最简单的工作需要。烧水，一项简单的工作，当你用优雅的茶壶烧水时，它就提升为一门艺术。同样，你也能够将花园最基本的需求转变为了不起的艺术。

正常情况下，每个花园的构成要素都大不相同。花园的构成要素也会因为特殊条件发生变化。第二次世界大战期间，以家庭为基础的胜利花园[①] 在困难时期为全家提供了食物。甚至埃莉诺·罗斯福在白宫也开辟了一个胜利花园，这也启发了第一夫人米歇尔·奥巴马做了相同的事情。当今的园艺工作者面临着更大的挑战：全球变暖、资源枯竭、环境恶化、经济不景气，以及压力不断增加。尽管如此，更大的挑战带来的是更多的机遇。花园是你积极解决个人问题的机会，而这些问题又会影响你对花园的设计。

和任何花园主人一样，你必须为花园添置某些必需品。开始先列出花园的基本要素。请记住，你所期望的东西并不一定是必需品。你将在以后列出所期望的构成要素。有些东西很占空间，有些却不会。有些东西是看得见的，有些却可能是不易发现的配角。在必需品清单中，你必

你将学习：

- 如何详细列举你对花园的要求
- 如何记录你对花园的期望
- 如何使用经验法则为花园构成要素分配面积
- 如何确定交通空间

[①] Victory Garden，胜利花园，也称为战时菜园，一战、二战期间在美国、英国、加拿大和德国等国家和地区为增加食物用庭园改作的菜园。

对页图 菜园可以很美，正如法国普罗旺斯 Chateau Val-Joanis 城堡中的这个例子一样。

须予以考虑的是由场地、家庭成员、业余爱好或健康状况、储存需要等决定的要素。

场地要求

影响你的地产和场地的条件通常关系到天气、房屋朝向、斜坡、土壤类型、水电设施、相邻地产和通道。房子在地产上的位置同样也影响着场地的要求。房子离主要道路越远，驾车的路程就越长。如果距离太远，你就需要为来访者提供停车位、为送货卡车提供通道——不论是邮递员还是运送混凝土或盖土的自卸卡车。

排水动力学。天气、坡度和土壤类型都对排水有影响。排水对每个地方都至关重要，尤其是那些降雨量和降雪量大的地区。你已经在场地勘查时评估了排水性，但发现问题可能是由于始料未及的大雨加上任何一种情况，低洼处、夯实土、过分铺砌、铺砌安装失误、地面不平，或其他原因。

一些城市提倡停止使用落水管。过去雨水流入收集系统并集中引至处理设施，而现在保留在原地。水处理设施对于市政支出过于昂贵，而且还会增加个人税费。鼓励业主帮助降水渗透到地下水位是有意义的。

想想你会如何处理不渗水的屋顶和铺砌路面上的雨水。将它引流至邻居的地产算不上是解决方法。考虑将雨水转移到雨水花园，它能够容纳积水并将其逐渐渗漏到地下。雨水花园可以是简单的 6 ~ 8 英寸的洼地，也可以是精心制作的艺术品。在建造雨水花园以前需要进行渗透测试并且了解适合的植物的相关信息。由于很难判断一次降雨会产生多少雨水，因此雨水花园应该安装积水装置，使多余的水转移至下水道系统或另一个安全位置。

雨水花园在俄勒冈州波特兰市是一个天然的产物。然而，这一概念却具有普遍性。照片中走道后面的间隙使水穿过小路从落水管转移至雨水花园。Jeremy 和 Angela Watkins 的花园。由 Amy Whitworth 和 Plan-it Earth Design 设计。

与大自然共处

我们生活在一个不断演变的星球上。规划你的花园，做些重要的事情帮助地球的这个小角落。研究当地的动植物。创建本土植物列表。种植本土植物，而非只是适应能力强的非本土植物，可以对我们狭小、拥挤的地球产生积极的影响。在花园中种植本土植物，不论在狭小容器里还是广袤的土地上，都可以为当地昆虫、鸟儿和哺乳类动物提供食物，并且防止更多野生动物的灭绝。从当地推广服务机构和互联网上很容易找到适合你的花园和地区的本土植物列表。

早春里一条鸟儿造型的水管正守护着白花延龄草（*Trillium grandiflorum*）。作者的花园。

三株太平洋西北本土植物——白花延龄草（*Trillium grandiflorum*）、刺羽耳蕨（*polystichum munitum*）、加州猪牙花（*Erythronium californicum*）"白美人"（"*White Beauty*"）——为当地生物提供了食物和栖息地。作者的花园。

你也可以考虑使用一些有创意的落水管的替代品，如雨链，改变水的流向。

雨水的收集。除了水渗透到地下之外，你也可以选择将雨水收集起来。如果你住的地区允许房主用雨水桶或大型地下贮水池收集雨水，你就

雨链在任何气候环境中都是一种装饰。

有了夏天的灌溉用水。也许你所在的城市提供雨水桶或者你有空间放置更大的贮水设备。我对意大利佛罗伦萨 Boboli 花园中的地面大型装饰性赤陶贮水池仍然记忆犹新。实际项目中贮水设备也能设计得极具吸引力。

地下水箱、水袋、贮水池为储水和夏季灌溉提供了极好的资源。这个理念需要在早期的规划阶段就予以考虑，因为储水的位置将影响花园的布局。随着需求日益增加，贮水系统的使用也更加广泛。可供选择的材料和种类繁多，因此需要认真调研适合你的花园的种类并做出一个明智的选择。最终目标是将雨水引至排放或贮存的理想位置。不要忘记联系当地相关管理部门确定是否允许储存雨水。

用以下公式计算屋顶的雨水收集能力：

1. 用汇水区域（屋顶）的建筑面积乘以以英寸为单位的年降雨量，再除以 12，得出以立方英尺为单位的屋顶年集雨量。
2. 将以上立方英尺与 7.43 相乘得出年加仑数。

例如，一个年降雨 20 英寸占地 900 平方英尺的屋顶每年集雨 1500 立方英尺或 11145 加仑。（这种计算方法只针对水平地区，不考虑蒸发和泄漏等损失。）

斜坡。不论你住的地方山丘大小，斜坡都会影响排水，尤其是它们不够坚固的情况下。排水会侵蚀坡面，最终水会逐渐侵蚀土壤并给你的住

宅和花园带来安全隐患。因此,在你建造花园之前加固被侵蚀的土壤至关重要。回忆之前讨论过的休止角,不同的土壤能保持的最大坡度也不同。例如,沙土不能像黏土那样保持一个陡坡,它需要更多措施以防止水的侵蚀。

在严重情况下,你可能需要专业工程师的帮助。工程师能够确定土壤加固的最佳方法和解决方案。他们的专业知识会增加成功的概率。

意大利佛罗伦萨Boboli花园中的大型贮水池,它们不仅是贮水设备,更是艺术品。

雨水桶可以直接放置在落水管下面,或者落水管改道的地方。它可以收集从屋顶流下的雨水。照片的印制已获得 Rainbarrel Man Company 许可。

如这个陡峭的斜坡,如果没有预防措施很容易被流水侵蚀。

你可能需要考虑使用一面或多面台阶式的挡土墙。你也可以选择用植物混合合适的抗侵蚀工程布、可生物降解的天然纤维如黄麻，或稻草垫子以减轻侵蚀。遭受侵蚀的山坡适合种植乔和灌木，它们强大的根系可以吸收水分并阻止土壤流失。此外，土壤中的菌根形成一张纤维网将土壤牢牢地锁在一起。

市政设施。 现实情况是你需要将市政设施接入房子中，而且它们会占用空间——通常在地下或架空。这些设施可能包括难看的水电表箱。在

注意树木的种植地点，否则将来你可能需要处理这种情况引起的麻烦。

现状调查阶段，你已经在平面图上记录了这些信息。如果无法将它们隐藏起来，你就需要在保留通道的同时加以掩饰。此外，你还需要迁移或者加装一个或多个水电表箱以满足花园的需求。

也许这时需要考虑将架空电线安置在地下，至少要从离房子最近的电线杆拉到房子。如果你想要种植高大的树木，这点就尤为重要了。在严寒地区的暴风雪天气里经常会见到被冰雪折断的树枝压垮的电线。狂风也是影响电线的另一个问题。因此，你应该提前做好计划。

场地可达性。 访客的停车位可能会成为一个问题。如果你住的地方离街道太远，而你的访客可能会停车，你就需要一块停车的地方。你还需要一条从街道通向房子的通道。更有可能，你停车和开车的地方需要一块硬地。有更多可持续的选择可以使水透过路面，如透水性铺路材料、填充砾石或多孔混凝土。你需要足够大的空间让车辆能打开门、能够环行并和其他车有足够的缓冲空间。

弯曲的车道对转弯半径的弧度有要求，因为没有车能做到精确的 90 度转弯。转弯半径十分重要，因为它影响着车辆进出车道时的速度。半径越长，车就越容易转弯。由于车辆不同，最佳半径也各不相同。其范围大约从 15 英尺 6 英寸～50 英尺。

家庭因素

每个家庭都有自己的动力学。你的家庭也不例外。每个家庭成员都应该为如何改善花园空间

在狭小的空间中规划车道偶尔有助于提出创造性的解决方案，正如图中园主不愿将这棵树分离出去。Mark and Terri Kelley 的花园。由 Vanessa Gardner Nagel，APLD，Seasons Garden Design LLC 设计。

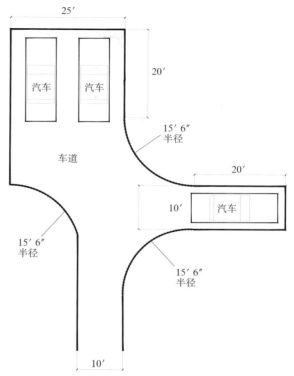

汽车汽车车道半径 15 英尺 6 英寸
图中展示了停车场地的重要尺寸。

贡献想法。让他们尽可能多地参与进来，他们将对花园充满兴趣。他们更有可能在花园中花费时间并帮助养护花园。

孩子。如果你有孩子，写下他们的年龄和你想让花园容纳他们朋友的数量。如果他们是小孩子，你将如何保证他们在花园中的安全？

在他们玩耍的时候你能够时刻看见他们吗？在选择孩子的游戏场地时，视线是一个重要因素。大多数孩子希望游戏场地离房子近一些。许多家庭有足够大的草坪供孩子奔跑和玩耍。如果你的孩子对某种具体的游戏或活动感兴趣，而它对空间大小有要求——甚至对空间形状也有要求——记录下它需要的尺寸和形状。如果他们想要一个游乐设施，计算好它的占地空间，如果有不止一个设施，占地空间又是多少，需要在它们周围预留多少活动和安全空间。调查每个设施的使用和安全情况。研究美国消费者产品安全委员会（the U. S. Consumer Product Safety Commission）等组织机构的推荐标准。游乐设施的创新很普遍，因此调研你想要安装的设施的特性非常重要。

如果你的孩子对园艺感兴趣，留一小块空地让他们种植植物——特别是可食用的植物。你也许可以激发他们将园艺当作终身的兴趣爱好和学习目标，这同样也会改善他们的饮食和健康状况。

谈及孩子和可食用植物的同时，你可能需要考虑孩子的游戏场地与花园的距离。看起来不那

该后院游戏场与花园结合在一起，在孩子祖父母的厨房和室外平台的视线可及范围内。克里斯滕森夫妇的花园，由本书作者设计。

么无辜的杜鹃花为了保护自己不被吃掉而产生毒素。你可能想要清除游戏场地附近的有毒植物。如果这是一个问题就将它记录下来。一些社区有可供你参观有毒植物的"毒物园"。他们可能还会提供这些植物的名单；或者你可以在网上或图书馆里找到这些名单。一些植物可以加重过敏或哮喘的症状。如果这对你的家庭成员是一个问题，你就需要排除或尽可能减少引起不良反应的植物。

宠物。现在要想想小 FIDO 应该在哪里玩耍了。如果你养的宠物需要进行户外活动，你便会想为它提供一些特殊空间。例如，你需要搭建一个狗舍或鱼池。你需要一些空间和设施，也许一片树荫，或许一块装有水管方便清洁的空间。你的四条腿的朋友也许需要一个方便出入房子和车库的通道，附近也许还需要有一块室内空间用于休息和睡觉。

如果你的住处临近荒野，你需要保护宠物，或者约束它们以免伤及其他动物，请将所需事宜记录下来。如果你的宠物能够在栅栏下挖洞或爬过它，栅栏又有什么用呢？如果它们需要特殊的设备以保证户外健康，请记下这个设备对空间及市政设施的要求。例如，锦鲤对氧气和水质的要求比金鱼高，因此你需要更大的空间安装所需的设备。关于养鱼，你还需要考虑鱼的数量。鱼的数量决定了水量多少，进而决定了池塘的尺寸和深度。重点是，你要全面了解宠物的需求，才能够为它们提供一个安全、舒适又易于维护的空间。

紫花猫薄荷 *"walker's low"* 吸引了 Tashi（笔者的猫），它正仰卧着享受猫薄荷带来的乐趣。作者的花园。

金鱼和锦鲤在一个池塘中共同生活。作者的花园。

户外活动型的宠物决定着你在它们的活动范围内的种植。如果你的池塘有锦鲤，你就不得不将水生植物固定在花盆中，因为生性好奇的锦鲤会将它们顶出花盆。如果你的狗喜欢在你的灌木丛周围嬉闹奔跑，你就需要一些坚固的灌木，也许还要长着刺，或者栽种一些不怕被踩坏的植物。如果你养的是猫，你可以种一些猫薄荷，这样可以转移它们对其他植物的注意力。此外，猫还喜欢在低矮的草地上休息，尽管我发现在猫起身离开后草地通常会恢复原样。不同种类的植物所占空间也大不相同，所以巧用植物达到特殊目的还需要花一番心思。

必要的业余爱好

如果有一些兴趣爱好可以使你保持身体健康、状态良好，或是可以为你增加额外收入，你就需要为这些兴趣爱好保留空间，列出每一项活动所需的条件（如室外锻炼区、木工棚和养蜂区）。考虑这些兴趣活动需要的空间，是否需要市政设施以及维护工作？如果需要建造一个构筑物，可能需要获得许可并遵守当地的法规条例。明智的做法是在设计的规划阶段就咨询当地的管理部门。至少，你要考虑怎么进入构筑物、采光和连接市政设施。

搭建一个温室不一定必须购买现成的成套构件。这是一个使用循环材料建造温室的好案例。Michele Eccleston 的花园，The Purple Garden。Brian Libby 摄影。TJ Juon 建造。

室外工作和储藏空间

　　如果你是位园艺师，就会需要室外的工作空间，可以堆肥、建造温室以及堆放工具和材料，或者是放置盆栽植物的工作台。这些都各需要什么条件？想想是否需要使用水电。为保证正常运作，堆肥区最好保持最小的空间尺寸。或者作为替代，你会不会购买堆肥设备？如果你考虑购买，应该买多大的？你能把它放置到合适的地方以保证堆肥材料进出的便捷么？

　　如果你喜欢下厨，想减少你的食物预算，或者是控制食材质量，那么你有必要建造一个厨房花园。弄清什么能够在你的花园中生长良好，列出你希望在厨房花园种植的食材。你可以向当地相关服务机构或者是园艺专家咨询什么食用植物在当地容易种植。你也可以通过去当地的农贸市场看看他们在卖些什么当地品种。不要忘记评估改良土壤以种植食用植物的方法。

你对花园的诉求

　　建造花园是从你的愿景开始的。你已经记录了你的场地，列出了你的要求，现在回到你原初的梦想。这是你放开思维、激发创想的重要时刻。你可以浏览园艺杂志和书籍，记录下和你条件相似或者是你喜欢的构想。参观别人的花园，不管是公共的还是私人的，它们都有很多好点子值得你学习。当地的植物园是个了解灌木和乔木在当地能够长多大的好地方。可能你还可以参加园艺

俱乐部获取更多的资源。你需要拓展思维以挖掘自己的潜能。和你的家人及朋友集思广益。把所有问题都考虑周全，不要遗漏掉任何你可能需要的东西。

　　如果需要几个人一起进行决策，对花园的要

一个高效而又美观的微型花园，种植了食用植物，可以就餐、烹饪和坐下休憩，前景还有一个小的雨水花园。Kristien Forness 的花园，Fusion 景观设计公司所有人。

求和愿望将是讨论的主要话题。如果你能明智的发动家庭成员都参与花园规划的讨论，那将获得无数的愿望。参与者或者充满激情，或者是被动的。你需要以后来协调这一切，现在将所有的希望、梦想和意愿都囊括进来。

你是不是需要温室——一个你可以开始种植秧苗或者是过冬的柔软的露台装饰植物的空间？一个鸡笼是不是能减少你的食物支出？一个养着锦鲤的鱼池是不是能让你心情放松？你是否想在花园观鸟、玩赏盆栽或者试试木雕？无论你决定做什么，都不妨试着看看与之相关的需求。在你决定最终的方案包括什么内容的时候，尽可能多地收集信息是非常重要的。以下是需要记录的重要因素：

- 需要的空间大小
- 维护需要的时间
- 安装和维护需要成本的粗略估算

娱乐场地

室外的娱乐场地是任何一个花园自然的内容。你的花园有滚地球场（Bocce Ball），钉马掌的地方或者是棒球草坪么？室外火盆或者壁炉是不是让你燃起热情？室外厨房、披萨烤炉或者

室外火盆是一个自然的聊天和烧烤食物的聚会场所。Gordon 和 Laurel Young 的花园。

是能看电视的有顶台地是不是让你胃口大开？

大多数人都需要一两个室外娱乐场地。最重要的决定是场地的大小，这要看需要容纳或者坐下多少人。也许你有不止一个娱乐区域，这时你可能需要将它们分开，同时又连通方便。

相比露台，在坡地上你也许更需要一个木平台。或者你能二者兼有之，同时在二者之间设计一个有趣的过渡空间，当然也可以让二者直接搭接在一起。

空间往往能够具有多种用途。室外的运动场地上也可以搭建过冬的临时温室。挡土墙或者是高出地面的种植台，也可以作为额外的座位。

幽静去处

花园是宁静的港湾。当你被生活压得透不过气时，你可能需要暂时离开并给自己充电。你能想象一个可以在温暖的白天打个小盹或者静心冥想的私密场所么？即使是在一个雨天或者冬日，花园仍旧能给我们一份安慰和宁静。接近自然是上天对我们的无私赋予。如果你不能去热带岛屿，花园也可以是你度假的不二选择。

如果你倾向于一个私密的空间，可能需要一种具有围合感的设计。你可以用植物形成围合，但是如果想马上实现这一目标，可以建一个栅栏，有顶的廊架，或者是凉亭。如果这些构筑物超过一定的高度，地方法规可能会指示你能在地产的哪些地方搭建它们，同时你可能需要从相关地方管理部门获得建造许可证。研究相关内容将其加入到你越来越多的信息中。

喷泉、潺潺流过的小溪或者是飞溅的跌水是花园在歌唱。这是流畅、怡人和治愈心灵的音乐。它们是花园中引人入胜的场所，也是你随时透过窗口就能看到的美景。即使你的花园空间并不富余，还是可以考虑一处小的水景。如果你没有时间打理，请保证你选择的水景易于维护。如果你实在没有水景的预算，可以考虑旱溪的做法，它同样可以如同水景让你安静下来。

暂避到你的花园，这是你自己的热带天堂。Susan LaTourette 的花园。Susan LaTourette 摄影。

选择材料

材料对设计而言非常重要，在规划阶段就需要考虑到使用的材料，这对你的预算控制和设计方向有很大影响。上一章中你熟悉了你的房子，知道它使用了什么材料。你也知道你想要用些什么材料到花园中。也许现有的材料和你想用的材料并不搭配，但是稍想一想，它们能用到一起么？是不是调整一下使用的比例就能解决问题。

如果你的房子已经用了大量的砖，而你不想在景观中再重复使用怎么办？不要小看尊重现有材料的象征意义。也许能在台阶的前缘、步道的边线或者是雕塑的底座使用砖。

多考虑那些你喜欢而且被证明好用的材料。同时也要考虑是谁会用到铺装地面，他们是不是可能有特别的使用要求。沙砾可能是一种廉价的铺装材料，但是很多人都喜欢脚踩在上面发出的吱吱声和悠闲自在的感觉。不要用豆粒砾

花园中的喷泉景观吸引人的注意并令人驻足，诺姆·卡尔布弗莱施和尼尔·马特乌齐的花园。

石（pea gravel）替代其他砾石，如 1/4- 砾石
（quarter-minus gravel）。豆粒砾石不容易压实
并且会移动，经常随着人们走出道路而被带到路
的外面。型号说明中带有减号的砾石说明掺入了
细微颗粒，它们易于压实形成便于行走的路面。
在你居住的地方也许有风化花岗石，一种高强度
砾石，它能被压紧形成类似于混凝土的强度。如
果没有被压紧密实，砾石相对于其他铺装材料更
利于渗水。铺设路基和隔离层能减少面层材料的
用量。

　　如果要使用石材或者是混凝土，需要考虑
如何补偿因此而减少的渗水量。不透水铺装为了
防渗需要更多的底层处理。生态友好的混凝土产
品或者有孔混凝土是不错的选择。石材铺装最好
铺设在砾石或者沙子上，而不要使用砂浆。可
以用附近倒下的树木做成木片，经过合理的铺
装、固定和维护，它们可以做成天然的汀步或者
阶梯。

　　如果你确定要使用石材，现在就需要弄清预
算是否现实，不要完成设计后因为预算超支回过
头来重新思考。你的预算可能不能满足你最初的
愿望而让你感到泄气，但是这好过因为开始时没
有现实地考虑这些问题而不得不回到起点。你可
以同时考虑两套方案，一个严格控制预算，一个
差不多在你的支付能力边缘。不管有没有极端的
经济情况发生，如经济萧条或者是通货膨胀，价
格在一年中总是起伏波动。另一个选择是将你的
花园分期施工，可以先规划那些成本较高的东西，
等到经济条件允许时再施工。

图中这两个石柱是三个家庭意见折中的结果。一个家
庭希望全用鹅卵石，其他两个家庭更喜欢有棱有角的
砌石。折中方案是将二者按良好的比例关系结合起来，
互为补充。石柱设计：Vanessa Gardner Nagel, APLD,
Seasons Garden Design LLC.

垂直结构

不同高度减少了花园因为单一水平面带来的乏味。如果花园现存成熟的乔木,那已经有了不同的高度。如果需要人为添加些什么,可以考虑栅栏、廊架等构筑物。可能你的花园需要一个有顶的空间,能在燥热、阳光直射,或者下雨的下午坐下来休息。一个柱子、水景也许能提供不同的高度变化。场地高差变化而需要构筑的挡土墙在功能和艺术上能同时满足您的需求。

花园维护

请记住你选择的任何材料都需要一定程度的维护工作。在决定花园的每种材料之前,必须先要考虑它们需要怎样维护,可能你会因此改变主意。

在花园维护的问题上你必须现实一些。你是计划将其外包给园艺师,还是依赖一个室内

维护人员将每一丛灌木都修剪成了圆堆。规则的快速修剪弊多于利。精心的修枝是无可替代的工作。

植物迷?评估下你繁忙的日程安排,看看你真正能有多少小时花费在打理你的花园上面。如果你在夏季经常外出旅行,你会花时间在花园上的想法还现实么?另一方面,你可能有暑假因此决定自己应付旺季所有维护工作。但是一年之中某个时节雇佣别人来完成部分维护工作是比较现实的。否则你的日程安排或者现实条件会告诉你需要常年雇佣人来维护花园。如果你觉得有任何一部分的花园工作你能完成,去做吧!任何园艺工作都能将你和你的花园联系在一起。

根据需求选择正确的专业服务人员。修剪草坪的工人可能会在你说“小心点剪”之前将花园中自然形态的灌木都修剪成规则状,因为他们几乎没有修枝的知识,而且规则的修剪比起细心的修枝要快很多。我有一个朋友买了新房子后打电话给我,痛惜地向我诉说花园中那些被修剪成肉球状的灌木。她认为前业主的“绿篱纳粹”式的修剪方式太过分。重点是打理花园的工作要求是不一样的。你要确保预算涵盖与计划的花园工作相应的维护费用。如果你决定聘请人维护你的花园,准备好给他们写下工作的指导意见,减少维护不当引起的遗憾。

使用设计师的工具

当我是一名职业的室内设计师时,我学会了如何决定空间需求的技巧。空间布局对任何一个花园而言都是至关重要的。然而,空间布局设计

之前，你需要基于功能需求将室外空间中的元素都分列出来。这一练习很简单，就如给身后的行人留下空间，或者是留出从桌子底下抽出座椅需要的空间一样。这很重要，因为你需要给每一种活动留下足够的空间。我倾向于尽量减少偶发事件带来的惊讶。在花园中留有足够的移动空间能减少损伤和事故。而且也可能对将设备搬进你的房子非常重要。例如，怎么将旧的冰箱搬出房子然后搬进新的呢？

设计师使用一些捷径让工作更加快速和容易。设计师的两个重要工具同样能够帮助到你：经验法则和面积研究。对这一组合的规划工具，你需要做如下工作：

- 使用并制定经验法则计算每一项功能需要的面积
- 将面积加到一起
- 计算交通面积并加到总面积中

制定经验法则

开始这项练习之前先检查你的基本需求和愿望清单，以及现状条件图。你必须计算每一个现存物件在当前位置或者是新位置的面积。例如，在假想花园中，车道是需要保留的区域，长乘宽可计算出其面积为 293 平房英尺。如果你计划扩大或者改变一个现有区域，将它作为一个未来的空间利用经验法则处理。

在你收集你的经验法则之前，探究一下你的生活方式以及为之需创造的流动空间这样的议题是非常重要的。在《建筑模式语言》（亚历山大，伊西卡娃，西尔佛斯坦，1977）一书中，作者描述了 253 个基本的功能元素或者说模式，它们可以相互结合完成更为复杂的功能，或者彼此互相关联，形成一个整体。例如，作者建议通过几个模式，其中之一，是"炉火熊熊"（The Fire），生成名为"座位圈"（Sitting Circle）的模式。他们之所以认为"炉火熊熊"是要素之一，是因为"这一模式有助于创造'中心共用区'（模式 129）的灵魂，甚至有助于安排它的布局和位置，因为它影响到走道和房间之间的相互联系的方法。"换句话说，"炉火熊熊"同时是"座位圈"心理的和物理的构成要素。

精心考虑的空间不仅提供基本的物理要素，同时也需要考虑空间的心理层面。如果你背对着门或者入口坐着会感觉多舒服呢？从物理层面上这样的布局可能也行得通，但是人的基本直觉是时刻注意身后的动静。抬头看看谁正走过来比回头去看对我们而言更加容易和舒服。当你开始创造经验法则时，请记住要运用心理学的知识，而在将他们组合运用到你的花园环境中时也要注意它们之间的相互联系。

经验法则使计算使用空间所需面积变得容易。设计师将每一物件需要的面积加在一起进行面积研究。研究结果的记录可以让设计师在画出平面布局之前检查是否所有东西都有合适的空间。你将决定每一功能的经验法则。这一章我图示了花园一些不同功能的经验法则。你需要根据

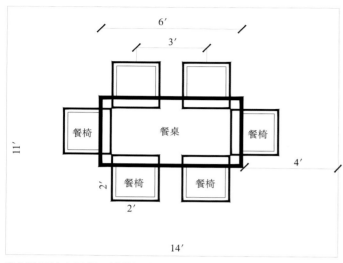

我创造了这个用餐区域的经验法则。

研究总结一些自己的经验法则，从而决定你的花园是否需要某种功能（例如，一个滚地球场）。

在假想花园中，我设想需要一个6人用餐的室外空间，并创造了它的经验法则。常规的经验是餐桌周长每24～30英寸可以容纳一个人。但是，椅子的尺寸各不相同。如果你已经有了餐椅，使用椅子的宽度，再加上10英寸。我假设椅子是18英寸宽，加上10英寸，每个人需要28英寸的宽度。这样餐桌最小的周长需要14英尺。一个标准的3英尺×6英尺的餐桌周长有18英尺，满足需求。

接着我必须考虑到人走到椅子坐下和离开时需要将椅子移进移出，我给餐桌周边各留下4英尺的空间。周边至少需要24～30英寸的空间便于人们在餐桌旁走动或者通行。

当我为所有重要的构成元素计算了空间尺

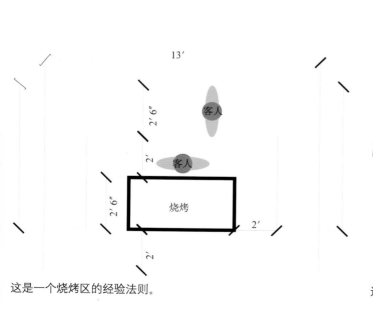

这是一个烧烤区的经验法则。

这是我做的一个火盆的经验法则。

寸，通过长乘宽就能获得总的面积。现在我设计了一个 11 英尺 ×14 英尺的空间，能舒适地容下 6 个人用餐。

创造经验法则的两个要点：

* 熟知放入到空间的物体的尺寸
* 了解人们在物体周边的活动范围

图中还展示了烧烤区和火盆的经验法则以供参考。

为花园中的构成要素计算面积

你已经练习了如何计算一个用餐区，用同样的方法计算花园中的其他区域。你可以使用本书提供的草图，如果找不到符合你需求的草图，也可以自己画一个。通过乘法计算你每一个经验法则的面积。

列出花园的每一个功能以及其相应的面积，并将面积加在一起。然后将所有的功能汇总到一起。在清单中可能有两个完全相同但是分隔开的区域，为这样的区域作不同的标记但是相同的面积。这样在后期的图解练习中更容易找到它们。

在你把所有功能空间的面积加在一起后，你只获得了总的使用面积。然而，却没有包括一个非常重要的空间：交通空间。

交通，被遗忘的空间

没有交通或者道路，就没有办法从一个空间到达另一个空间。试想从房子去外面的小屋，如果没有道路怎么去呢？一般而言一个空间有多种用途。草坪可以让孩子们在上面嬉戏，也可以作为去室外小屋的路径。另外，考虑是不是并联的道路更好。是使用一个环形道路，还是尽端路，或者是点到点的道路？

交通面积计算也许不是科学，而是一门习得的艺术。一般而言，交通面积通过百分数表达称之为交通面积系数。交通面积系数越小，空间

这个花园的路径布局成功绕过化粪池的入口，沿着山坡蜿蜒而下直达一个俯视河流的观景平台。Mark 和 Terri Kelley 的花园。由 Seasons Garden Design LLC 公司的 Vanessa Gardner Nagel，APLD 设计

效率越高，因为交通所占面积越小。我的经验是花园的平均交通面积系数约为 25%。在给定的空间中每个功能分区面积越大，需要的交通面积越小。如果你的花园面积为 500 平方英尺并且临近房屋，也许你只需要 10% 的交通面积。如果你计划在同样的面积中布置许多小空间，交通面积有可能超过 50%。你可以想象在博物馆中需要多大的交通面积才能满足环绕每一件雕塑的需求。

在一个固定的空间中，尽可能地将许多 36 平方英尺的小空间布置进来，结果可能交通面积系数将达到 37%；如果在同样的空间中，用 100 平方英尺的空间进行布置，交通面积系数可能降到 25%；如果用 300 平方英尺的空间，交通面积系数将会降到 7%。

当你得到花园的需求总面积，包括基本的、诉求的空间面积加上交通面积，就能将它和实际总面积比较。我觉得这种练习十分有效，特别是当需要把 10 磅的功能装进 1 磅的空间中去时。这种比较的优点是很明显的，在不需要移动任何东西和画一条线条的情况下，你能立刻清楚是否所有的功能都能安排进来。同时也能告诉你是否需要删减一些需求。

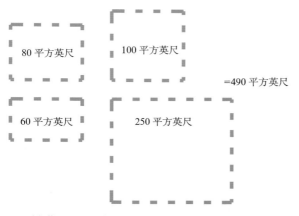

490 平方英尺 ×40% 交通面积系数 =196 平方英尺
490 平方英尺 +196 平方英尺 =686 平方英尺
500 平方英尺（实际）−686 平方英尺（计划）=−186 平方英尺

设计假想花园

构成要素清单

在假想花园中，我列出来 18 个不同大小的空间，加起来一共 2640 平方英尺。平均每个空间 147 平方英尺，所以交通面积系数大约在 7% ～ 25% 之间。这是一门艺术，或者说是有根据的推测。因为 147 平方英尺相对 300 平方英尺而言更

接近 100 平方英尺，所以我估计假想花园的交通系数是 22%。2640 平方英尺乘以 22% 得到 581 平方英尺。将功能空间面积 2640 平方英尺加上交通面积 581 平方英尺就得到了花园的需求总面积 3221 平方英尺。现在我就有了一个全面的花园构成要素清单（称之为项目策划），在接下来的花园规划和设计中它将是十分有用的参考资料。

假想花园只有 3023 平方英尺，因此，我必须做出取舍决定。

假想花园的构成要素

基本空间	面积（平方英尺）	诉求空间	面积（平方英尺）
1. 现有车道	293	13. 容纳 10 人的火盆区	154
2. HAVC（空调）	8	14. 12 英尺 ×4 英尺的吊床空间	48
3. 两个垃圾桶	8	15. 冥想空间	15
4. 雨水收集桶	4	16. 植物观赏花园	350
5. 厨房花园（种植水果、蔬菜和草药）	200	17. 盆栽展示空间	24
6. 雨水花园	325	18. 8 英尺 ×10 英尺温室	80
7. 遛狗场	150	诉求空间小计	1652
基本构成要素小计	988	基本空间和诉求空间合计	2640
诉求空间	面积（平方英尺）	22% 的交通面积	581
8. BBQ 烧烤	91	需求总面积	3221
9. 容纳 6 人的休息区	120	实际总面积	3023
10. 容纳 6 人的就餐区	154		
11. 水景	16	**需要减少需求面积 198 平方英尺**	
12. 高尔夫球拨球场	600		

第 4 章
整合花园

对花园构成要素优先排序

从功能上说，现在是深入思考需求和实际空间大小之间关系的时候了。将直升机停机坪列在诉求清单中并不意味着你的花园有空间容纳它。如果实际的花园空间比需求总和要大，当然不需要考虑优先排序的问题，除非你有其他的原因想这么做。然而，你可能实际上拥有的空间不能满足你的需求。

如果你不能在花园中放入你想要的功能，在幻想破灭之前可以尝试一个练习来排除你的挫折感。基本要素没得商量，这是为什么你将它们列为基本的需求。因此，来看看诉求空间要素。哪些是你必须要的？哪些只是不错的选择？仔细检查你的整个清单，看看哪些要素可以整合起来，或者在对空间稍加调整后可以为之共用？

多功能空间是解决空间不足的好方法。想想你有多少次将餐桌用作会议桌？如果你能在紧要关头从车库中找出一张方便好用的 4 英尺 ×8 英尺的木夹板，并挪开一些东西，你就能在户外的就餐区为每年仅一两次的盛宴容纳更多人。座椅也能和挡土墙相结合提供额外的座位。

假想花园的空间要素清单总计需要 3221 平方英尺，但是实际上的空间只有 3023 平方英尺，还少 198 平方英尺。空间不足就需要对功能进行优先排序。我必须决定什么可以减掉或者如何让一个空间满足不同的功能需求。首先，我可以缩小高尔夫球拨球场，因为它需要不同

你将学习：

- 如何针对基本构成要素和诉求要素进行优先排序
- 如何决定、排序、图解相邻要素（什么在什么旁边）
- 如何决定、排序、图解交通空间（从一点到另一点）
- 如何完成花园布局的基本图解

对页图 柱子划分出了一个路边的火盆区域，关键时候也可以作为休息区域。Dulcy Mahar 的花园。

高尔夫球拨球场（果岭）不是一个好的多功能空间，因为它设计有不同标高和坡度。

标高的变化，所以很难将它作为多功能空间使用。我也可以从诉求要素清单中完整地移除某些项目。

如果对清单的所有项目进行优先排序，我就能对需要移除什么、如何多功能利用有更好的想法。针对假想花园的诉求项目，我决定将就餐区排在第一位。和其他项目比较这个区域可能最为常用。

虽然这是一个临时展示花园的一部分，但这个漂亮的用餐区域却吸引着每一个人室外就餐。Barbara Simon，APLD，Alfred Dinsdale，Dinsdale Landscape Contractors 设计 & 施工。

这个街角的座椅和挡土墙相结合，不仅具有双重功能，而且像是对社区的人们说"来坐一会儿"。Lucy Hardiman 的花园。

　　剩下的诉求项目包括容纳 6 人的休息区、BBQ 烧烤区、水景、火盆、吊床空间、冥想空间、植物观赏花园、盆栽展示区、果岭和温室。如果将火盆同时用作休息区就能节省 100 平方英尺空间，剩下我只需要再减少 78 平方英尺。温室差不多这个面积。我真的需要一个温室么？是的，它满足一年四季种植食物的需求，但是我可以将它缩小为 6 英尺 ×8 英尺。我也能削减植物观赏区的边界，但是这样会减掉植物观赏区一大块。最大的区域是果岭，我决定不如将果岭减少到 510 平方英尺。可能在空间布局时我还能在某些项目节省些空间进行弥补。无论如何，现在我已经将面积控制在了 3023 平方英尺，有了一个最后的清单。

假想花园最终的要素清单

基本空间	面积（平方英尺）
1．现有车道	293
2．HAVC（空调）	8
3．两个垃圾桶	8
4．雨水收集桶	4
5．厨房花园（种植水果、蔬菜和草药）	200
6．雨水花园	325
7．遛狗场	150
基本要素小计	988

诉求空间	面积（平方英尺）
8．BBQ 烧烤	91
9．容纳 6 人的休息区（结合火盆布置）	
10．容纳 6 人的就餐区	154
11．水景	16
12．高尔夫球拨球场	510
13．容纳 10 人的火盆区	154
14．12 英尺 ×4 英尺的吊床空间	48
15．冥想空间	15
16．植物观赏花园	350
17．盆栽展示空间	24
18．8 英尺 ×10 英尺温室	80
诉求空间小计	1462
基本空间和诉求空间合计	2450
22% 的交通面积	539
需求总面积	3221
实际总面积	2989

位置确定：邻接空间

　　现在你已经决定了所需的全部功能，它们的尺寸，花园中哪里有足够的空间容纳它们，接下来你需要决定它们的布局。不同功能的相邻性或者说邻近性是下一步需要考虑的。你会从厨房走过树林，走进玫瑰花园或者更远的地方去烧烤么？这样的布局是不是不方便或者是故意为之？室外烧烤区是不是应该靠近厨房？食物储存在哪里呢？看看如何安排所有的功能，你自然会理解。

开始先在纸的中心位置画一个大圈,标为"房子"。环绕它画上不同的圆圈代表你的清单中基本的和诉求的所有功能。我建议你同时标出房子中与室外空间联系紧密的房间的位置。例如,室外就餐区和BBQ烧烤区一般可能邻近厨房。遛狗场可能邻近车库,或者你希望它尽可能远离就餐区。

为了图示简洁,我用4种线型表示不同的邻近性。三条细线代表需要直接邻近;双线表示可以离得稍远;单线更远;虚线则表示需要隔离或者不需要邻近。没有线条连接意味着相互关系不重要。在所有功能之间画上线条以表示你希望它们之间多么邻近。这张画满圆圈、看似复杂的图示能帮助你决定花园中所有功能的相对位置。

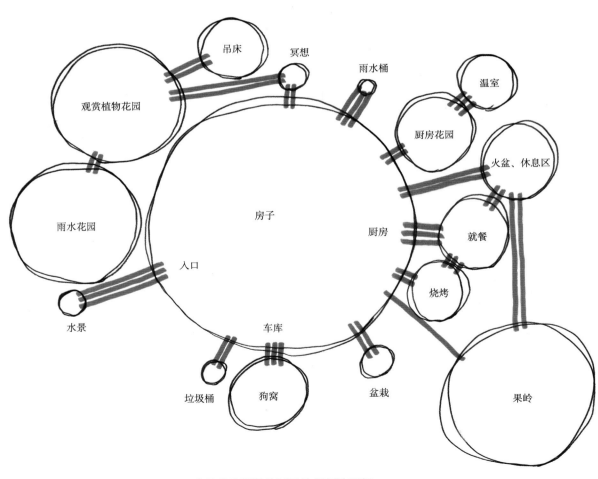

这是我为假想花园画的相邻性图解

行走在花园中：交通

决定在哪里之后，下一步是决定怎么去那。理想情况下，一条道路或者步道提供了引导访客到达目的地的微妙线索。其他需要考虑的交通要点还有可达性和安全性。

微妙的路径寻找

好的步道、小径和其他交通方式让你不需要过多去想目的地在哪里。如果你很容易从起点就看到终点的方向，你只需要行走并注意脚下的路。否则，你需要寻找标志指引方向。设计师喜欢用"微妙的路径找寻"的艺术。之所以微妙，是因为你依靠直觉找寻方向而不需要标志。

初步规划阶段是最适合根据访客的直觉布置道路的时机。当你布置步道时，设想每一条道路从一开始对人们而言是不是容易找到他（她）的目的地。特别是当现状中有大的乔木或者灌木挡住了人们看到目的地的视线，例如前门位置。

如果不能看到目的地，设计师常用其他微妙的路径找寻方法，包括改变或者使用对比的道路材料、步道的宽度、布置视觉焦点。我将在最终设计完成之前的稍后一章中讨论这些内容。

可达性

可达性包含了残障人士道路通行的能力。即使家庭成员现在都能通行有踏步或者坡度较大的道路，也不能保证将来不成为问题，因为可能有人受伤，或者年龄会慢慢变大。如果在规划的前期尽量延长道路、减小坡度，就能应付将来的情况变化。[根据美国残障人士法案（Americans with Disabilities Act，ADA），每 12 英尺升高 1 英尺是具有可达性的坡度] 此外，如果有人需要使用轮椅，道路的宽度需要允许轮椅通行，并有地方能让轮椅转弯（根据美国残障人士法案，通常需要半径为 5 英尺的空间尺寸）。

安全性

　　室外道路的安全性一般指具有行走安全、容易识别（特别是晚上）的路面和能安全通行的高差变化。后面的章节将介绍路面和灯光照明，在这我主要讨论坡度、台阶和阶梯，因为规划前期是讨论高差变化的最佳时机。

　　在景观环境中坡地是常见地形。即使看着是平地的小型地产也会有18英寸比80英尺的坡度。大于10°的坡地需要建造台阶或者是有坡步道，使得高差变化易于人们通行。在不使用台阶的情况下，路面材料也能影响人们通过坡道的能力。有坡度的碎石道路相比同样坡度的砌石道路就溜

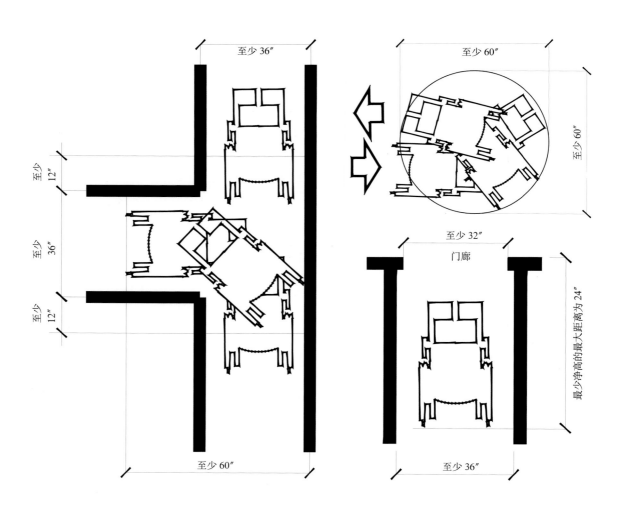

这张图显示了轮椅通行的空间需求

滑得多。

需要设置台阶和阶梯时，标准比率用来决定"高和宽"，或者说踏步高和踏步宽。踏步高一般不大于 8 英寸，踏步宽一般不小于 10 英寸。为安全起见，大多数的台阶踏步高在 6.5～7 英寸，踏步宽 11～12 英寸。如果有一系列台阶，应该使每一级的踏步高和宽都一样，否则可能导致安全隐患。

在室外越宽的踏步越让人觉得亲切，因为人们倾向于在室外大步行走。大多数情况下 2 英尺的踏步宽度较为理想。然而，不同标高地坪之间的高差和距离决定了阶梯的数量、踏步高和宽。规划前期应该决定花园中在哪里更容易处理不同标高的过渡，同时有效利用空间。

图示功能和交通

花园规划的最后一步是将功能和交通结合在一起。常用"泡泡图"进行表达。顾名思义，它看起来像是一系列的泡泡层叠在地形图上。为什么要画泡泡图，而不是直接进行平面布局？我保证，如果不先经过这个重要的步骤，你将会花上几小时在平面图上不停地摆弄。泡泡图显示了所有功能需求和现状，表达出它们之间以及它们和房子之间的关系；它显示出哪里需要交通联系；它显示出留下的种植空间。总而言之，它能表达你的生活模式在花园的印迹。

在画泡泡图之前，将地形图复印一张，在地产所有出入口和房子的外门之间画上线条。这样能显示出点到点之间最有效、最直接的联系。我喜欢看这样的示意图，因为它让我了解剩余空间的尺寸和形态。它告诉我哪里可能会是拥堵的空间，哪里需要一个道路交叉口。它让我在布局所有功能之前知道交通应该如何布置。是的，可能还需要对泡泡空间进行调整；可能有些情况需要不那么直接的交通路线。无论如何，如果能尽量有效布局交通空间，就能获得更多功能空间。

因为已经有了邻接空间的图解，你对如何在实际的平面图上布局功能有了较好的理解。现在要做的是将这些信息用有比例的方块泡泡表达在地形图上。举例说，如果一个功能空间需要 200 平方英尺，那就用一个 10 英尺 ×20 英尺的方块来表达。使用计算器，你能微调尺寸，使之满足现状空间的形状。同样是 200 英尺的功能空间，如果你需要将它布置到只有 9 英尺宽的场地空间中去，可以调整泡泡的长度使其面积达到 200 平方英尺。

当你布置第一个泡泡的时候，确认它能引导其他泡泡的布局。最好是先布置优先级别最高的泡泡，靠近房子的入口，其要求不具有太多的灵活性。就餐区是一个很好的例子，其功能要求是刚性的。为使室内厨房和室外就餐区交通方便，不能让它们离得太远。合理的方法是让就餐区与房子尽可能紧密相邻。当然，有些时候不这么做也情有可原。例如，邻居两层楼的房子正好看到你的理想区域。为了有私密感，同时又不愿花钱

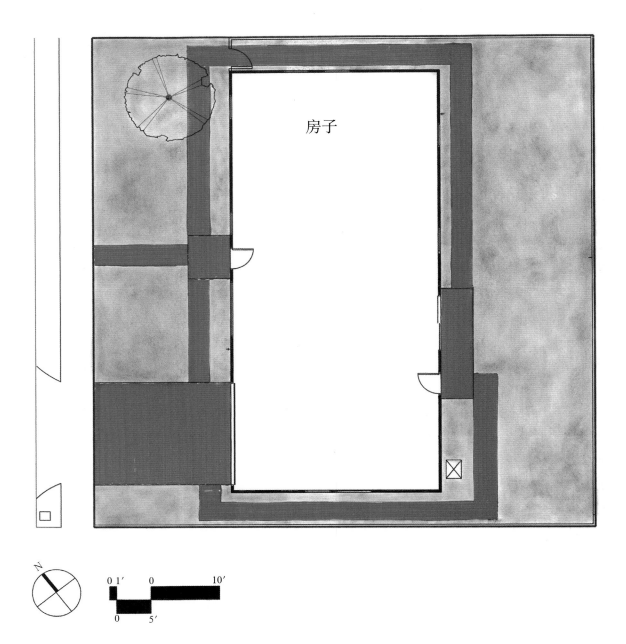

房子

用直线连接点到点的交通图示显示出剩余空间的尺寸和形状。

建一个凉亭，你可能宁愿将就餐区布置到远处的古树枝叶之下。但是需要意识到这样会使交通面积变大。如果能将之间的交通空间同时用做其他功能，就能有效解决这个问题。

根据邻接空间图继续加下一个泡泡。这时可以忽略地形因素。显然，你不能忽略一个大的峭壁，但是当你没有预算去建造一个可观的阶梯或者台地时，不用过多考虑花园的这部分空间。保留基地中沟壑的自然状态，原因之一是它有限的可达性使得为之建造台地既困难又昂贵。这不是唯一的原因，我和我丈夫就喜欢它保持自然的状态，欣赏大自然的鬼斧神工。

我的一位客户决定加一个木头的大阶梯，从房子的地坪下到沿河地坪。在低处他在一大片平地上种了收集来的植物，呈变化的带状。除此之外，还铺设了一大片草坪形成一个自然的半圆形室外剧场。沿河基地边界混种了不同的花草。从而将音乐盛会、河流、峭壁和引人注目的植物协调在一起。另一位客户遵照现有规范安装了一个悬挑于河上的露天平台。一场火灾毁坏了前一位业主安装的平台，因此管理建设的官员同意他建造一个新的取而代之。

继续布置其他泡泡直到对它们的位置都满意为止。一旦布置完所有的泡泡，你需要决定如何从一个走到另一个泡泡。那些一开始画的直线交通能用吗？是开一个口从一个区域过渡到另一个区域更容易些，还是不要把路线规划的那么直接？如果是后者，尽量使路线简短，但要根据常识来判断。例如，假设阶梯对你的一位家人或者好友而言是不方便的，但是他需要频繁使用两个相邻但有高差的空间，这时相对只用较短的距离建造台阶而言，路线需要加长，以便建一个坡道或者有坡的步道。

在有些案例中，空间总量能容纳所有的需求，但是可能房子在基地的位置使得花园空间的划分不能让一些功能放置到理想的位置。例如，如果能放置火盆的唯一位置在前院怎么办？或者如果前院是唯一一处光照充足适合放置厨房花园的地方怎么办？将空间作为纯粹的空间看待非常重要，不要让空间的现状使用状况影响你的思考，除非你能不要某一功能或者能将某一功能的空间与另一个空间相交换。

这与室内空间的灵活性一样。正如你能在被房产公司称为卧室的房间布置一个办公室，在前院也能布置一个庭院，或者在观赏植物中也能种植食用植物。如果你必须在后院包含某一内容，你应该单独计算这一项目的面积，并将其当作相对独立的项目从你的前花园中剥离出来。在假想花园这一案例中，我计划使不同功能空间的布置具有一定弹性，并将一些功能空间划分为更小的区段，从而最大效率地利用空间。

当你布置泡泡时，随时在图纸边缘记下你的设计构思或者关心的问题，在最后布局阶段可能需要用到。另外，同时也需要回头查阅一开始收集的信息。例如，你可能前期曾发现当地部门要求 6 英尺高的构筑物需要后退红线。这一要求可能会影响到你在某些地方布置类似温室的构筑物。

在将功能布置到空间时各种权衡、控制和规范要求都需要进行考虑。完成了泡泡图后，就可以收集好的想法去激发还未完成的设计。

悬挑使天台景观令人惊叹，四季长流的淙淙的河水，平静而恬美。
Mark 和 Terri Kelley 的花园。Vanessa Gardner Nagel，APLD．Seasons Garden Design LLC 设计。

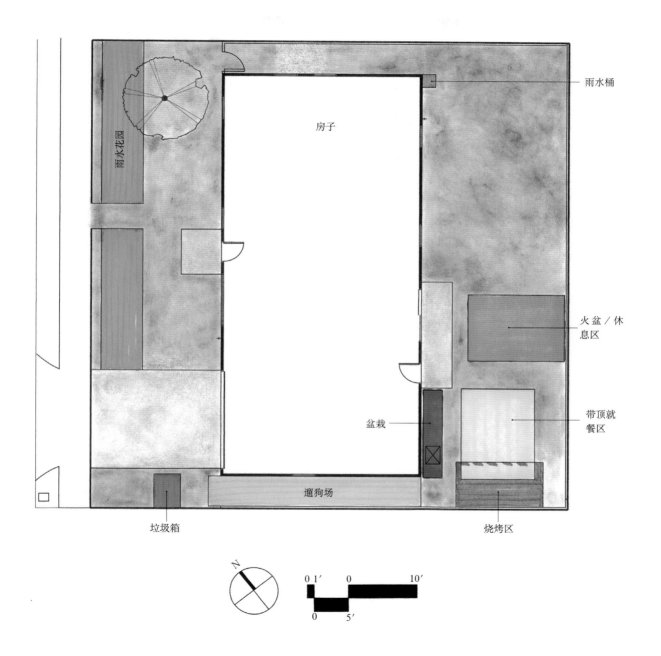

雨水桶

火盆／休
息区

带顶就
餐区

房子

雨水花园

盆栽

垃圾箱

遛狗场

烧烤区

N

0 1′   0   10′

0   5′

第一个功能泡泡引导了下一个泡泡的布置，随后的泡泡按照邻接空间图确定位置。

设计假想花园

泡泡图

在假想花园中，我想建一个温室。当地部门要求高于6英尺的构筑物应退后红线5英尺。因此，温室至少要退后基地红线5英尺。

假想的厨房花园将栽种耐阴植物和喜阳植物，这就是说我可以利用花园中的一部分背阴区作为一部分厨房花园。我将厨房花园分成几个部分：草药栽种在临近厨房的地方，多叶植物如生菜种植在房子的北面，其他蔬菜种植在温室周边，主要是5英尺后退红线的区域。

我将雨水花园放在门前靠外，因为如果一旦溢水，可以将多余的水排到街道的下水系统。记住，我设计雨水花园的目的就是为防止水流入到下水系统，因此溢流只是紧急情况。

我将遛狗场放在房子的南面是因为这里的空间面积正好合适，也是一个交通通廊，还靠近车库。这个位置可以开一个狗洞，让狗能在暴雨天躲进车库。

我本来希望将冥想空间放到后院，但是空间不够。我决定将它放到水景旁边，想着用植物遮挡为走向前门的访客创造一种庭院的氛围。植物观赏花园用了剩下的空间，比我预计的宽松得多，因为交通空间节省了不少面积—— 一个意想不到的奖励。

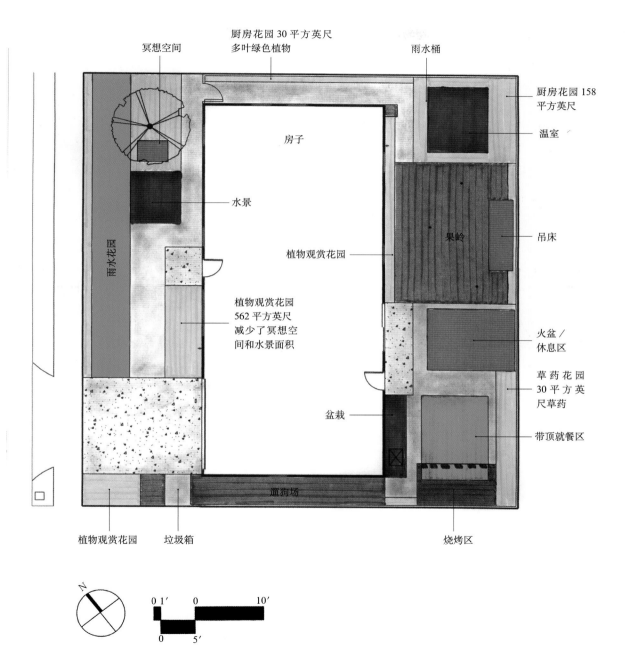

厨房花园 30 平方英尺
多叶绿色植物

雨水桶

冥想空间

厨房花园 158
平方英尺

温室

水景

房子

果岭

吊床

植物观赏花园

植物观赏花园
562 平方英尺
减少了冥想空
间和水景面积

火盆／
休息区

草药花园
30 平方英
尺草药

盆栽

带顶就餐区

雨水花园

遛狗场

植物观赏花园

垃圾箱

烧烤区

N

0 1′　　0　　　　　10′

0　　　5′

泡泡图显示出假想花园的交通格局以及所有功能泡泡在基地平面的位置

第 5 章
设计基础

基本设计原则和元素为什么重要

理解基本的设计原则和元素对花园设计很重要。它们是决策的指南，指引将不同的构成元素整合成令人愉悦的整体。基本原则具有普遍性，能运用以解决所有类型的设计问题。尽管下面的这些原则可能让 5 位不同的设计师对同一问题提出 5 种不同的设计解决方案，但事实是它们都是可行的。

尽管所有的设计师都在运用设计原则，但是很多却是无意识的。到一定的程度设计师的美学修养或者说第六感开始起作用。设计技巧成为一种习惯，直觉和经验变得和基本原则一样重要。

设计师中对设计原则的不同定义很常见，通常是因为表达不同，但会让人产生困惑。重要的是理解它们的特点和运用这些原则。这是能帮你设计成功的关键。

基本设计元素：颜色

在基本设计元素中，颜色毫无疑问是最显著和复杂的。正如大多数人理解其他设计元素一样，我们的基因组合或者说 DNA 影响我们每一个人如何理解颜色。即便如此，大多数人对颜色的认知基本一致，只有细微的差异。原色的差异相对而言容易被识别，原色是指没有经过加入黑色、白色和辅色改变的颜色。颜色越是细微或改变越

你将学习：
- 基本设计原则和元素的重要性
- 基本设计元素的特征
- 如何在设计中运用基本设计元素

对页图 数个动态物件按照线性序列布局在这个组合体中。Daniel Lowery APLD 设计，Queen Anne 的花园。

多，就越难让所有人都用相同的方法辨别。认识到这一点就能理解为什么有的人会把甚至本不应该出现在同一衣橱的衬衫和裤子搭配在一起。

除 DNA 的影响之外，光的特点也会影响我们对颜色的认知。光波将信息通过眼睛传达给大脑最终转译为颜色。光的照度、光源和质量影响了对颜色的感知。例如，黄色的光让紫色呈褐色。红色墙壁折射的自然光或者白光会让周边环境罩上一层粉色的光晕。

年龄也会影响我们对颜色感知的能力。新生儿除蓝色之外出生就具有识别颜色的能力（Glass，2002）。随着我们成长，眼睛越难识别色调的微妙变化。通常到了 40 岁左右，对颜色的感知开始衰退，尽管女性相对而言会稍晚一些。随着年龄增长，晶状体变得越来越黄，因此对短波颜色的感知不敏感，从黄色到蓝色逐步减弱。60 岁之后，对绿色的感知更加困难，可能是因为视网膜或者是更重要的原因造成的（Timiras，2002）。

色相、明度和饱和度

不管它们是怎么被感知的，颜色有三个要素：色相、明度和饱和度。理解每一要素的影响能帮你理解如何在花园中使用和掌控颜色。

色相是纯净没有掺杂的颜色——红色、蓝色、绿色等等。我们能通过彩虹或者透过三棱镜的光线看到纯色。颜料或者染料也有纯色。

明度是指颜色的明暗渐变程度。它决定颜色是浅的、淡的（亮度）还是阴暗的颜色（暗度）。

饱和度是指颜色是鲜艳的还是晦暗的，设计师也称之为浓度或者色度。颜色的饱和度可以通过添加补色来改变。补色源自余像。当一种颜色过度刺激眼睛，余像就会发生。例如，当你盯着红色看一段时间再看向白墙，你就能看到红色的余像：绿色。这个认识对防止导致眼睛老化的过度用眼疲劳特别有用。特别是运用到医院手术室中，例如，绿色能缓解医生眼睛受红色过度刺激带来的疲劳。

颜色的明度、饱和度影响了视觉的尺度感。黑暗或者明亮的颜色让人感觉更有重量。如果一个灰粉色的球让人觉得太小、太轻，可以将其改为鲜艳的深红色，这样就会让人感觉它变

彩虹是通过光线展示色谱的最好例子

大变重了。一条黑线也让人觉得比一条灰色线条更重。

　　增加明度和饱和度的对比也能帮助区分不同色调。在实践中的运用是花园中的有些区域能用颜色提高安全性。例如仔细选择台阶踏步前缘的颜色，与踏步颜色清晰对比，台阶的踏步就更容易识别。

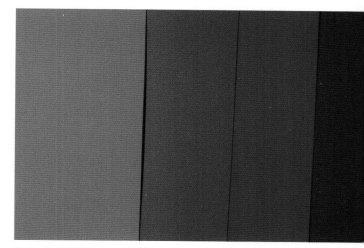

红色系列的油漆样品提供了同一颜色的饱和度范围，从左至右饱和度降低。

从白到黑的色块显示出颜色的整个明度变化

两个粉色圆形：灰色的让人觉得小，鲜艳的看起来更大更重；黑线看来些来比灰线更重更粗

踏步前缘的材料和踏步及周边的平台材料进行对比，描绘出明晰的材料变化，提高了台阶的识别性。对比的颜色能进一步增加识别性。贝尔维尤植物园，贝尔维尤，华盛顿

色轮与色彩搭配

　　色轮是传统的色彩搭配的基础。色轮的构成基于色彩的余像、波长等原理，类似于彩虹。有很多色彩理论，从 1706 年布瓦尔色环理论、1810 年的歌德色轮理论到 1908 年的 RGV（红色／绿色／紫罗兰色）理论。尽管色彩这个主题是门很复杂的科学，但是色轮色彩的运用却使之变得简单。

　　一个简单的方法是将色彩看成颜料或者光线。大多数人从颜料来理解颜色，这是接下来我将用的方法。环绕色轮的颜色分为原色、二次色、三次色三个层次。黄色、蓝色和红色是传统的原色，而橘色、绿色和紫色是二次色。三次色的例子是橘红色或者橘黄色。它们是原色和二次色之

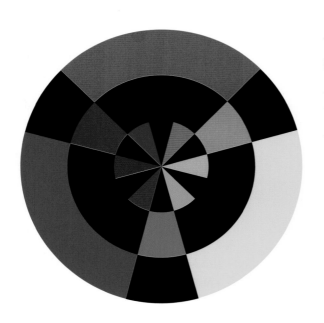

间的颜色。色彩搭配的常用技巧是基于颜色在色轮的位置体现出的逻辑顺序使用颜色。色彩搭配的特点，例如单色搭配、类比色搭配和补色搭配，暗示出它的构成要素。

　　单色搭配是指对同一色调的操作。单色搭配的视觉愉悦感来自于某一色调的不同明度和饱和度。一个红色的单色组合可以将栗色（低明度、低纯度红色），粉色（高明度、中纯度红色）和纯红色（中明度、高纯度红色）花卉结合在一起。

　　类比色搭配是在色轮上相邻颜色的组合——例如蓝绿色、绿色和黄绿色。可以将细微变化的绿叶植物结合在一起形成一个炫酷的类比色调，减少分散、增进专注、引导宁静，营造一个安静祥和的花园。

　　给类比色搭配的冥想花园一抹暖色正好足以让我们保持一定的兴奋而不会睡着，这就是补色搭配。（注意如何通过颜色控制你的情绪）色轮上色温相对的颜色互为补色，在原色和二次色中可以是红色和绿色、橘色和蓝色或者黄色和紫色。使补色搭配具有视觉兴奋的方法是至少改变其中一种颜色的状态。例如，红色和绿色是让我们联想到圣诞节的两种纯色。如果我将红色调亮、调柔和为灰粉色，绿色调为暗绿色，你很难再把它们当作节日色彩。分裂补色搭配更受欢迎，因为它更复杂。以紫色为例，色轮上对面的黄色是它的补色。黄色两边是黄绿色和橘黄色。这两种颜色和紫色形成了分裂补色搭配。一个例子是将紫菀和金黄色的雏菊（*Rudbeckia*）以及黄绿色的

黄色的雏菊（*Rudbeckia*）和紫色的紫菀（*Asters*）是补色搭配。作者的花园。

散布的野花呈现出不同的红色，从粉红色、纯红到红褐色。Doug 和 Marcia Baldwin 的花园。

丰富的绿色从黄绿色到蓝绿色形成充满活力的类比色组合。作者的花园。

光舞墨西哥橘（*Choisya ternate Sundance*）能加入到黄色的雏菊（*Rudbeckia*）和紫色的紫菀（*Asters*）中形成分裂补色搭配。作者的花园。

光舞墨西哥橘（*Choisya ternate Sundance*）叶子组合在一起。

色彩搭配强调了色彩的相关性这一事实。几年前，我为一位建筑师工作，他说："我还没有不喜欢的颜色。"我同意也很喜欢他的这一哲学观点。他将时尚产业的图片层叠贴在墙上，创造出有创意的色彩拼贴效果。更重要的是，他认识到不同色彩的并置影响了我们对颜色的原本认识。蓝色旁的橘色越暖，蓝色看起来越冷。看

红色的叶子越深越冷，火炬树"虎眼"（*Rhus typhina 'Bailtiger'*）的橘黄色落叶就越生动。作者的花园。

着不喜欢的颜色旁边青睐的颜色能影响我们对二者的感觉。

超越训练色轮

第一次听说设计师不用色轮的时候，我很惊讶。色轮的概念流行许久了。我在学校的时候就学习过。我开始想，是不是可以不用色轮也能创造出具有凝聚力的色彩搭配？我们能不能只将色轮看作是那些害怕使用颜色的人的训练工具？

仲秋时节，落叶植物慢慢退去华丽的彩羽；或者是我花园中的几株健壮的金黄树叶的樱桃树在一场大雨之后变得几乎一叶不剩。尽管从不认为自己是个偷窥狂，但是窗外那一排排颜色吸引了我的眼睛。实际上，大自然总是出乎意料地将色彩组合在一起，就像是我们转动万花筒时看到的意想不到的形状和色彩的组合。

看到紫珠（*beautyberry*）品红的浆果混搭着紫荆（*redbud*）、枫树（*maple*）和牡丹（*tree peony*）柔和的黄褐色，我意识到这样的色彩组合虽然超越了色轮的逻辑，却并不冲突。这些颜色在一起不仅看起来很华丽，而且和旁边竹子的绿黄色叶子配在一起也极其漂亮。这绝不仅仅是室外昙花一现的色彩组合，它让我重新思考色彩搭配的技巧。

对富于冒险精神的人而言，超越基本的训练色轮是一种解放。品红、黄褐色、绿黄色的组合是色轮上的分裂补色搭配。然而色轮只提供了色彩选择的背景，并没有展示出色彩更为微妙的

美国紫珠（*Callicarpa bodinieri var. giraldii 'Profusion'*）品红的浆果与紫叶加拿大紫荆（*Cercis Canadensis 'Forest Pansy'*）、细叶鸡爪槭（*Acer palmatum var. dissectum*）和牡丹（*Paeonia suffruticosa*）叶子柔和的黄褐色形成对比。作者的花园。

内容。它可能会限制我们的发挥。如果你考虑到其他一些因素而将设计的安全保障放到一边，就能不看色轮而成功地将很多色彩进行组合。这是如何做到的呢？

首先，保持颜色暗度、灰度和明度的均衡。这章稍后会继续讨论统一与均衡以阐明如何形成平衡的构成。这里的均衡是指在同一色彩组合中加入一种不同暗度、灰度和明度的颜色与一种颜色（不一定要是另一种色相）互补。例如，小面积的黑色能与大面积的灰白色取得均衡。

其次，将色彩分为黄色系或者红色系。我不会奇怪你看到这时会瞪圆双眼。讨论色彩时"不知所措"很正常。尽管需要练习，但是将颜色分为不同色系是可能的。如果你想知道一种蓝色是靠近黄色还是红色，你可以运用颜色相关性原则。将这种蓝色放到一组蓝色色板中，它的偏色更为明显。

对比一个黑色的小方块和灰色的大方块图示了视觉重量的概念，黑色的小方块看起来更重。

这两种蓝色——一个是黄色系，一个是红色系，在色调上有所不同。

　　我的大学设计老师第一次将这个解释给我听，我目瞪口呆，所以当我亲爱的丈夫难于理解时情况并不算太坏。本质而言，这是色彩的冷暖对比，分别由偏红或者是偏黄造成。但不是指色相，如红色和紫色。正如调颜料，在蓝色颜料中加入一些黄色颜料或者红色颜料会怎样？如果加入黄色颜料，蓝色偏绿；如果浇入红色颜料，蓝色偏紫。如果色调非常细微，不将其与纯色色相比较很难发觉。

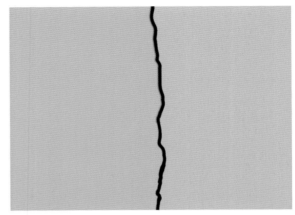

这两种米黄色——一个是红色系，一个是黄色系，看起来不协调。

色彩选择的影响因素

　　影响色彩选色的因素很多。认识以下因素能让你选择颜色时更加客观、主动。

- 光量。了解光线数量会影响颜色的选择，需要在能见度较好的情况下选择颜色。如果你年龄较大，你可能需要听取别人的意见或者请别人帮你选择颜色。

- 颜色名称。制造商给颜色取的名称也将影响你的决定。"探戈芒果色"（Tango Mango）听起来比"脏芒果色"（Mucky Mango）更诱人。有时候我真不知道是谁取的这些名字。

- 文化信仰。不同的文化信仰影响颜色的使用。有的文化婚礼常用红色，而有些文化则使用白色。紫色、白色、黑色在有些文化中意味着死亡。在设计中可以使用颜色传递信息和设计主题。

- 前期条件的影响。如果你的母亲在你年轻时用的墙纸上有只栗色的驯鹿跳过黄绿色的花环，你可能成年后会反感这样的颜色组合。（你也许很好奇我怎么会想到这样的墙纸）另一方面，如果你的姐姐喜欢穿粉色的衣裳，你们一起长大而且你很崇拜她，那么你也会爱上粉色。童年时期对颜色的感受常常会影响成年后的潜意识。

每一种颜色都有冷暖之分，包括黑色和白色。如果不考虑光怪陆离的效果，将暖色的、生动的橘色与和冷色的、拘谨的粉色放在一起时是冷暖色极端的组合案例。很多人可能看到这种组合都会觉得不协调，但是说不出为什么。而简单的答案就是一种是冷色（如灰褐色），另一种是暖色（如卡其色）。

将通常的两种暖色，如绿黄色、黄褐色，与冷色——如品红相组合，那么品红应该偏暖一些，从而与前面两种颜色形成补色搭配。设计师可能会说，"要更多的黄色"，但你从窗口看出去，你可能会发觉大自然从不在乎色轮。它也许是个很好的训练工具，但是慢慢地你可以抛弃它。

基本设计元素：线条、形状、形式和空间

每天你的视觉和心理将几万条线条组合成形式和形状，但是有几条你会有意识地察觉到呢？当你集中注意力，可能会看到树干的垂直线，桌缘的水平线，或者是水流通过自然的河道穿越泥土形成的波浪线。

你会发现线条具有不同特征。线条可以是直线和曲线、可以有不同方向、不同宽度，还能引导你的视线。一个点在空间中运动，在每遇到新的点时在视觉上就形成了线。如果你正好撞上两点之间的线，那么它会将你引向其中一点。线状的小溪就是个例子，它能将你最终引向一个水池。或者是你沿着一条线性的道路，到达你的目的地。如果你观看一个柱状的物体，你的眼睛趋于沿着垂线向上或者向下运动。

线可以是任何宽度和长度。花园的绿篱有 6 英尺宽、60 英尺长。一条快速道比几个城市地块还宽，可能有好几百英里长。白毛叶葱（*Allium christophii*）茎的直线，从土壤到它壮观的放射状的花朵，不到 20 英寸长。

线条也能引发不同的情感反应。锯齿状的线条让人感到生动和兴奋，从而也具有张力。水平的、呈微微波浪飘带状的通道让人感觉宁静、平滑，但有时可能感觉乏味和让人昏昏欲睡。

线条也能划分空间。篱笆能将大面积空间分割为小空间。将草坪的边界修剪清晰可以使草坪和种植边界区分开来。

白毛叶葱直线状的茎指向它壮观的花朵。

锯齿状线条具有张力。

优美的曲线非常平滑。

呈线性布置的石块清楚地定义了椭圆形的火盆空间。Kim 和 Kathy Christensen 的花园，Vanessa Gardner Nagel，APLD．Seasons Garden Design LLC 设计。

当线条汇聚或者交叉时，它们形成形式、形状和平面，多数都是几何图案：圆形、方形、三角形等等。它们相互组合成更复杂的几何形状，带来视觉的乐趣。线能在空间中定义形式，如一个优雅的雕像能让空荡荡的空间具有某种形式。

交通模式

在总平面布局过程中交通是首要的问题。交通是由一系列笔直的、弯曲的、平行的和交叉的线性道路组成的，在基地中它们将我们带往目的地。篱笆或者绿篱能清晰地定义交通空间，而花园座椅能模糊限定道路空间。考虑到被两边高墙夹住的狭窄道路对心理的冲击，长而狭窄的道路是一个设计挑战。设计师用很多方法将长度分为几个小段。将狭长的空间分段能形成人性尺度，减少威迫感。

由一条弯曲的道路引导访客绕过角落进入花园，能创造神秘感和新奇感。在花园中绕一道弯也能让人产生惊喜，让交通变得有乐趣。

交通空间也能是一个平面，或者是通过阶梯或者坡道垂直地将人们带到另一个平面。阶梯创造出对角的、锯齿的线条。如果将这些线条暴露

草坪的边缘是道路和草地的分界线。Carol Kelly 的花园。

这些断续的印度柏将长长的道路在视觉上分成了小段。Val–Joanis 庄园，佩尔蒂，法国。

出来而不是隐藏着可以形成充满活力的空间。即使不用颜色强调阶梯，光线和阴影也让形式表露无遗。

对角线和变化的曲线让设计构成更具活力。方形空间的对角线道路相比平行于边线的道路更加生动和有趣。

花园中的形式与形状

交通模式形成的形式从平面或者鸟瞰图已经基本可以看出来了。这些形式需要和你的房子协调。在小面积的花园中很难使用自由曲线形式，因为它们会弱化花园和房子的关系。因此小面积的花园中自由布局让人感觉秩序混乱。如果你想要一个自然风格的曲线花园，先建立一个与房子相关的网格，利用交叉点来布局曲线。这个网格能帮你维持花园的有机形态，同时在比例上和房子取得良好的关系。

空间形式也能引发不同的情感反应。规则式的几何模纹花坛可能让访客行为拘谨，而松散、自然式的花园则不然。在大型花园，设计师一般在靠近房子的地方使用几何形式，这里经常举行一些更正式的活动，而离房子远一些的地方常使用自由曲线的形式。

在花园中可以使用不同的形状。如果除简单的长方形和曲线之外，你想选择更多的尝试，Grant W.Reid（2007）的《从概念到形式》（From Concept to Form in Landscape Design）一书描述了很多形式的使用。在书中介绍了使用椭圆、迂回的曲线、向心性的圆环和弧线、不同的角度、螺旋

曲线等等来进行布局。无论选择什么形式，重要的是使布局和场地及现存的构筑物（如房子）相协调。

在花园布局中如何使用形式应追随我们心理的舒适感。人们开始布局时倾向于从角落开始，可能我们的心智趋于追求空间形态的完美，而角落产生的张力正满足了这种结果（一个角落只是锯齿线的一部分）。

线有不同方向。线连接起来形成自由形式或者几何的形状，定义了形状的边缘。形状是二维的，形式相对形状是三维的。形状和形式内包含和外面环绕的，是空间。空间定义了形状和形式，反之亦然。

将线条、形状、形式结合在一起时要谨慎。例如，混乱的石块和植物会形成不同方向的线条和形式，这样的设计让人觉得没有秩序。精心设计的空间只使用有限的不同线条和形状并使之取得平衡。一个混乱的组合刺激过度，归因于设计过程中缺乏修订的步骤。尽量使用最少的形式和方向来创造有秩序的空间。

其他基本设计要素

除颜色、线条、空间、形式和形状之外，还有几个同样重要的基本设计元素需要熟悉并在花园设计中运用，包括比例、尺度、体量、焦点或强调、重复和韵律、运动、序列与过渡、肌理、变化、对比、均衡、统一和时间。

比例和尺度

你成年后回到儿时的家有没有发现它比你记

忆中的要小很多？但是它不是真的变小了，而是你成比例地变大了。假想你再次回到 4 岁的时光，那时你可能只有成年时一半高大。你的衣服、碗筷和玩偶都和你的尺寸相适合，穿上父母的旧衣服会很滑稽。因此同样的，如果花园和周边的环境比例失调或者与其居者尺度不协调也会让人感到不合适。尝试回忆下你身处一个与你相比很大的空间的感受，这种情况下是不是让你感到胁迫、不适和潜在的威胁或者释放？

在景观设计中如何利用比例和尺度？当我们有选择时，是什么驱使我们将空间变得小而惬意或者大而雄伟？

在 Stephen R.Kellert 和 Edward O.Wilson 编辑的《生命假说》(The Biophilia Hypothesis, 1993) 一书中认为，我们对环境的感觉是根深蒂固的。在书的一章中，Roger S.Ulrich 认为早期的人类偏好更具生存机会的环境；因此"无论是西方人还是东方人都一贯不喜欢空间局限的环境，而是青睐具有中度到高度的视觉深度和广度的环境。"对开阔大草原的偏好会因为个体的创伤和经历改变，如曾在那里死里逃生或者受到伤害。

这个空间环境在小孩看来比成年人感觉更大，因为小孩就比例而言较小。

一个大型花园和一个有着亲切露台的花园，注意二者尺度的不同。Killarney Cove 花园中由漂亮的边界限定的宽阔草坪将游客引导至湖面。一个亲切的露台让 Anna Debenham 和 Charles Kingsley 的家更加优雅。后一张相片由 Darcy Daniels 拍摄。

温室从这个视角看没有太多背景，具有了人的尺度。
Doudou Bayol 花园，圣雷米，法国。

当以高大的常绿绿篱作为背景时，温室的尺度产生了
戏剧性的变化。Doudou Bayol 花园，圣雷米，法国。

大多数情况下花园业主没有可能拥有开阔的大草原，通常必须在购买的地产以及附加其上的设计条件下进行设计，包括地方法规。遵照郊区和城市的规范建设的车道一般占去了前院的大部分，因此均衡宽阔的车道和剩下的位于前面或者旁边的花园二者之间的比例和尺度是一种挑战。同样还需要考虑花园设计中不同物体之间的相对尺度关系。

如果因为有限的预算使花园只能建很小，或者因为没有预算问题花园可以建得很大，都可能发生花园的尺度与使用者或者设计内容不协调的情况。要特别关注房子的大小和场地大小之间的关系，它们尺度是不是协调，或者是不是需要通过设计进行调整？

体量

体量和比例与尺度相关，因为它是由一定数量和体积的材料构成——植物或者硬质景观（人行道、车道、篱笆）。大量使用单一植物或者材料能产生让人远距离便一眼识别的体量。如果是常绿植物，那在冬季同样具有强烈的效果。植物的体量简化了种植设计，使之更容易和相对复杂的硬质景观设计相协调。

植物或者硬质景观的体量大小与其位置、用途和花园的尺寸相关。量化种植（Massing Plants）的问题之一是过分的简化导致了植物多样性的减少。单一植物种类不能像多样化的植物一样提供野生动物的栖息环境。可以考虑量化种植当地植物，以为不同的野生动物提供食物或者是能吸引昆虫供野生动物捕食。

单一种类植物形成的体量是大胆的宣言。作者的花园。

这个栽种蓝色花朵的花坛吸引着每一个人的眼球。注意首先吸引你眼光的是最高的植物。它是焦点中的焦点。Meadowbrook 农场，宾夕法尼亚。Darcy Daniel 摄影。

焦点和强调

一个焦点是被强调的场所，吸引注意力的点。它可以是一棵具有很好形态和密度的植物、一座雕像或者艺术品、一个种了漂亮植物的容器等。任何设计中至少要有一个焦点，因为它让我们的目光能够停留。没有焦点，花园可能无序或者单调，或者更糟的两点都有。

透视在使用焦点时也起到重要的作用，因为它能改变一个物体的尺度。当一个物体靠近你时看起来比它离你 100 英尺远时要大，当你远离一个物体而靠近另一个物体时，你的参考点也随着你变化。当你设置一个焦点时，记住从花园的多个视点观看它，因为它在每个视点的强调作用都不一样。焦点也能改变透视效果。放置一个颜色、形式或者二者都具吸引力的物体到一条长通道的端部能从透视上缩短通道的长度，使它的长度和宽度在比例上协调。这能使我们行走在这条通道上感觉舒服许多，因为它看起来没有实际那么长。

孤立也是强调的一种方法。例如，一个物体位于开放空间当中比在一片混乱的植丛中要显眼的多。特别要记住如果你使用的物体具有相当多的细节，则很容易迷失在一片细密的叶子和纤细的花丛中。

通过颜色或者尺寸对比也能生成焦点。大多数花园都郁郁葱葱，满眼绿叶，一个明亮蓝绿色的花园座椅就能成为绿色植物中的焦点。在使用尺寸对比时，需要注意焦点和周边环境尺度要协调。如果尺寸太小，它会迷失在空间中形不成

一个简单高雅的陶罐，被放置在一片草坪之中是个明显的焦点。Ron Wagner 和 Nani Waddoups 的花园。

这个颜色鲜艳的花园长凳形成一个欢迎人们到来的焦点。Val–Joanis 庄园，佩尔蒂，法国。

焦点，如果太大，又会压制周边的所有物体。

焦点过多是经常发生的设计失误。这里一只可爱的小鸟，那里一个装置，之间还放一个小陶罐，让我们的大脑来不及接受。观赏者的目光没有地方可以停留，而是不停在不同物体之间游走。焦点过多是因为不知道如何以及何时对设计进行修订，或者因为缺乏适当的尺度感。尽量客观地评价你的花园，从全局而不是仅从一个方向的视角来考虑。在一个空间有太多的物体减少了每一个物体本来的效果。单一的物体更具有凝聚力，能将不同的蓬乱的植物整合在一起。

与焦点过多类似的问题还有焦点之间缺乏联系。我看到很多花园在某一角落放一个安详的佛像，而在 10 英尺之外放置一个小矮人。我鼓励而不是打击创新精神，但是如果将焦点联系起来会有利于花园的整合，特别是那些能同时看到的焦点。还要记住可能有多视点的问题，因此应该从花园的不同角度评价布局安排。如果你一定要放置一些不同的东西，将它放在一个看不到其他有冲突焦点的专门的小空间。

重复和韵律

每当想到韵律和重复，我就回忆起坐在火车上的情景。持续的吭哧吭哧的噪音是每一个思考和谈话的背景。音乐使用韵律和重复作为整合其他元素的基本力量。对花园设计而言，韵律和重复同样如此。

设计中韵律和重复之所以重要，是因为如果花园中每一种元素都不相同会让人感觉乱糟糟的。实际上这让人们心理不适以至于在没弄清为什么之前就离开花园。好的设计会巧用韵律和重复形成凝聚力。

韵律意味着有规律的敲击、脉动或声音的抑扬顿挫。它使我们在听音乐时不由自主用脚打节拍。它是有规律间距的凉亭屋架上的梁和栅栏上的竖杆，所有的梁都有相似的形状和尺寸，栅栏上的竖杆也一样。这是获得韵律的常用方法。

在构成中韵律很容易被识别为重复和相似的元素。点画法——一种将很多颜色的点结合在一起呈现出一种颜色的绘画风格，过于精细而不能认为是一种韵律的表达，因为所有的元素都看似一个实体。然而如果我们在点画法绘画作品上面有规律地间隔插上一些牙签，牙签的相似性和相互的清晰分离，相对于多彩的背景将形成一种韵律。

韵律的构成元素由线和形状组成，因此同样能引起情感反应。有韵律的、尖角的物体具有刺激情绪的作用，而柔和曲线的物体让人平静。随着规律排列的物体之间间距的变小，韵律的步速增加，形成充满能量的构成。

重复意味着某一事物再现或者是复制，而不一定具有规律性。就像在音乐中，重复不一定遵循某一规律以产生韵律。正如韵律是通过栅栏、绿篱或者有规律的间距种植的植物表达出来，而重复可以是再现的花朵颜色、叶子或者植物的形态。重复好比是韵律的同胞兄弟。

种着欧洲紫杉（*Taxus baccata* ‘*Fastigiata*’）的陶罐沿着道路呈线性排列形成一种韵律引导游客走向目的地。作者的花园。

重复的棚架引导游客穿过一个玫瑰园。相片由 Luther Burbank Home and Garden 授权印制，圣罗莎，加利福尼亚。

重复经常出现在一个小的转角和一个大点的转角相协调，然后扭转形成桌子的边缘或者是椅子的靠背。它就像是视觉线索，因为它将构成作品联系在一起，共同的形状或者线条柔和地引导着你的视线从一个物体到另一个物体。重复使用临近的、相似的形状，从而具有很强的整合力。

是不是好的形式也会有过多的时候？什么时候相似的形态和尺寸、重复的颜色等等会使一个设计不再具有凝聚力？答案是当它们压制了其他所有事物的时候。如果因为韵律而失去了焦点，可能就过了。如果旁边的运土设备曾使你感到房子剧烈震动，那么重复的背景这一想法可能走偏

了。它分散了你的注意力，这是韵律和重复不应该起的作用，它们只是配角。

运动

花园中的运动是如实的或者比喻的，如自然的微风拂动枝叶。但是运动不仅是大自然母亲穿过树林的低低细语，我们的目光会追随树枝的线条看到与之相交的房子的轮廓，如此等等直到穿过整个花园，继续穿越地平的边界。除了方向，线还能产生运动，引起我们的注意。有韵律的图案同样吸引我们的视线追随它们。强烈的颜色和形式能引起我们的关注。让花园中的构成要素产生视觉动感，增加了花园的动态纬度，正如牛排发出的咝咝声。关注运动让你的花园更具活力。

序列与过渡

序列是指花园中的元素从一个过渡到另一个，例如从空间到空间、从植物到植物，或者从植物到空间。花园中过渡有时候发生在从街道到入口，从一个水平面到另一个水平面，从一个区域到另一个区域。人们一般期望流畅走入或者穿过花园，而不是突然的转变。即使有清晰的不同分区的大型花园也会使用缓冲地带作为交通空间形成优雅的过渡。功能的变化也能产生过渡（例如，从一个较为公共的就餐区转变到一个需要安静的私人区域）。如果你希望保持一个平静的环境，应该逐步过渡。然而，设计是意向性的。如果你需要的是一个能清晰识别的区域，方法之一

是出其不意的转变，但是要注意可能会引起无序，因此要谨慎。

将一个区域的设计元素运用到另一个区域能产生平滑的过渡。例如，使用相同的铺装，或者相似的植物或颜色，就能在设计中保持连续性。铺装材料的突然改变清晰地告诉访客这里有什么不同的事情将会发生。这一概念常用于传递这样的信息："留在原地，这不是正确的道路"。

肌理

无论是我们用手或者眼睛感受到它，肌理无处不在。一出生，我们的本能就是去触摸看到的一切，从而学习到物体的肌理并存储在记忆中。成年了，我们对新事物的第一反应仍然是伸手触摸它。当我买一个新的植物时，我会先看看价格标签，本能地，我的手会抚摸它的叶子。我们习惯将看到的和手感受到的对应起来。

肌理（texture）一词来自拉丁语 texere，意思是编织。这可能是为什么我们经常认为肌理与织物相关联。Merriam-Webster 网络词典给出的肌理的含义是："事物的视觉或者触觉的表面特征和外表。"我们感受和看到肌理。

我们通过对比观察看到肌理，对比不同植物的叶子能很容易看到肌理。粗犷的新西兰麻和纤细的墨西哥羽毛草放到一起不仅是触觉的同时也是视觉的肌理对比。

肌理是对图案细部的体现。如果想不通过颜色将某一物体凸现出来，那就用强烈的肌理对比，如光滑和粗糙。

一位艺术花园的业主使用了陶制的叶子，由混凝土施工方将其嵌入到彩色混凝土步道中，形成了肌理的对比。Fran 和 Sharri LaPierre 的花园，Vanessa Gardner Nagel，APLD，Seasons Garden Design LLC 设计。

新西兰麻和旁边的墨西哥羽毛草形成漂亮的肌理对比。Linda Ernst 设计，波特兰，俄勒冈。

术语"深浅同色"（tone on tone）是指使用同一颜色的不同光泽——经常是闪亮和暗淡的对比。

黑白色下观察肌理是一种好方法。通常我们依靠颜色帮助区分不同物体，如果没了颜色，就需要通过肌理对比来区分物体。

肌理和图案就像两个手牵手的好朋友。肌理是一种图案，而图案也是一种视觉的肌理。粗糙的肌理是粗犷的图案，而柔和的肌理则是精致的图案。如果想肌理更加突出，可以相对背景改变图案的光泽，亮丽的光泽图案清晰，而平淡的光泽图案微弱。

变化

老话说，变化是生活的乐趣。我们不会每天都吃同一种食物，太枯燥了。大自然提供给我们各种各样的食品。我们不希望自己的房子和邻居的一样，因此邻里间的住宅风格各不相同。

看看你的衣橱，你会看到各种变化。你不能（也不会）穿上衣橱内所有的衣服，因此每天你选择几件搭配效果好的衣服。如何才能艺术地进行变化呢？充分利用颜色、图案、形式、重复、韵律、尺度和肌理产生乐趣。但如果过多而不是恰到好处，可能会导致混乱无序。

使用黑白色的技巧清晰地展示出这条小径上不同材料的肌理。Deborah Meyers 的花园。

注意这个位于法国鲁西荣街道的公共长椅从背景墙脱颖而出，它的视觉肌理如此不同。

对比

对比表现在各个方面。我们可以看到颜色的对比、肌理和图案的对比，也能注意到比例和尺度的对比。由简洁到混乱表现出不同的对比程度。如果设计中对比过多，混乱的可能性就会变大。

如果要隐藏或者弱化某些东西时可以减少对比，例如，如果在黑色背景有一根难看的黄色管道，可以将管道刷成黑色或者深色，它就看不到了。如果你想要或者需要某一物体被看到，可以通过对比增加其可视性。例如，一个深色光滑的雕塑，可以通过灯光和使用粗糙的背景环境增加其可视性。灯光的量和角度影响着对比的效果。

虽然设计背后的思维过程看起来很复杂，但是很多好的设计都非常简洁。如何简化事物的搭配以避免混乱？什么时候"生活的乐趣"过多了？任何一个好的答案的关键是：保持简洁，只使用和谐的事物。越简洁、越有组织性，设计越统一。

正如只用一个音调唱一首歌曲，对比太少会导致过于简化的单一。在一个成功的设计中找到简单和变化之间的平衡点非常重要，这样设计清晰易懂，而不是被细节所淹没。评价视觉肌理对修订过程有所帮助，看看花园中每一种植物的光泽、粗犷度和图案。使用少数几种植物形成体量，而不是使用很多种植物，每一种只种植少量，这样就能保持简洁减少混乱。如果你是植物发烧友，那么以上方法说起来比做起来容易多了。

下次你去苗圃为花园新的边界购买植物时，请尝试以下方法：在你找到一批不可缺少的植物后，将其放到一旁。拿出其中一种到另一个独立的区域，然后加入另一种植物，从整体设计效果评价每一种植物之后，再继续添加其他品种。每一次只添加一种植物，保留那些能够搭配在一起的品种。选取一种主要肌理，将其他植物整合在一起。与调配一种获奖风味的烧烤调料过程一样，只加入恰到好处的变化和肌理对比使它别具特色。在好的食谱中，你不会加入所有的调味品。

均衡

均衡和对称本质上是一样的，它们都代表一种平衡状态。如果平衡不恰当，那就失去了均衡。在平衡状态的空间中让人感觉舒适，让我们也处于一种平衡的状态，这是通常我们试图达到的。当然有的时候，你也会故意让空间失去均衡创造一种想要的效果。知道均衡的原理可以让你很好地进行控制。

我们用天平衡量物体看它们是不是一样重，天平的垂直支架是两边的中轴线。在设计花园时，也需要找到这样的轴线在哪里以衡量视觉空间。无论你在哪放置这一垂直轴线，它是自然而然的关注中心。同样还有水平轴线，均衡发生于水平和垂直两个平面。

有两种均衡：规则和不规则。规则（对称）均衡通常是指每一半互为镜像图像，有一条很明显的轴线。一条直接通向房子的中央前门的人行道就是这样的轴线。规则均衡让人感觉平静和稳定，同时也就过于静态。不规则（不对称）均衡，不同的事物位于轴线的两边，相对而言难于把握。日本的设计作品，不限于花园，提供给我们很多精彩的不均衡对称作品。

　　在花园中达到均衡有些像是走钢丝时手上还耍着几个球。这些球代表了基本的设计原则，而脚下的钢丝是轴线。均衡让人想到水平或者相等的状态。就像是玩跷跷板：如果一个成人坐在一边，另一边做着个娇小的孩子，那么成人这一端肯定落在地上。如果好几个小孩坐在另一头，可能跷跷板会将成人抬离地面。你可以将这个隐喻用不同方法运用到均衡设计中。

规则均衡的优秀案例中，一片简单的草坪和周边的植物形成的肌理和抬高的座椅休憩区达到了均衡。硬质景观材料，如碎石铺地或者生长较矮、耐旱的地被植物同样能达到一样的效果。Michael Schultz 和 Will Goodman 的花园。

认识视觉均衡和非均衡

在构成中发现平衡状态是训练而成的技巧。为了帮助训练这一技巧，请看以下均衡和非均衡的案例，使用了不同的树叶放在黑线两边，黑色线条充当了支点。进一步练习的方法，可以故意使设计失去均衡，缺乏均衡的设计变得更加明显。

这两片树叶大小相近，左边的树叶形式简单清晰，颜色较深，纯度较低。这两片树叶不均衡是因为深色的树叶看起来更重。如果深色树叶小一点，可能达到均衡。

左边这片树叶是中绿色（中等色调、中等明度），并与右边树叶大小相近。右边的树叶因为颜色强度看起来更重，如果小一点，可能达到均衡。

用一片高纯度颜色和具有有趣细节的叶子代替右边的树叶使二者取得了均衡。

左边的树叶有复杂的外轮廓，柔软的肌理和细密的叶脉。和右边形式简单、光泽亮丽的叶子形成均衡。

我们通过不同元素及其特征获得均衡，包括形状、形式、颜色和肌理。如果你使用了不止一个相同的元素，就形成重复和韵律。如果使用两种不同的元素，能形成对比和变化。对比是形成均衡的重要特征，对比越强烈，越能引起人们的注意。如果只有微弱对比，就缺乏动感，变得枯燥无味。

视觉重量感影响了均衡。颜色较深、厚重、肌理粗糙的元素相对颜色较浅、柔和、肌理光滑的元素看起来更重。甚至是物体的形状被其阴影重复，也看起来更重了。

线条也能影响均衡。它们能引导人们的视线看向中点或者远离中点。当经过修剪的草地的边缘或者其他强烈的线条引导我们的视线看向花园的周边，可能让人感觉失衡。当中点也是视觉焦点，构成是均衡的。因此，可以使用焦点和其他元素取得均衡，因为它们非常强烈，能引起人们的关注。

保持视觉重量感的均衡有助于统一花园中的不同元素。大的物体、生动的颜色、粗糙的肌理、清晰的图案和强烈的对比具有更多视觉冲击。在这个花园中，常春藤蓝色围墙的强烈色彩和位于清晰的水池中央的独特树形喷泉力度达到平衡。与深色的池水相对比，喷泉的基础是花园潜在的"800磅重的大猩猩"。然而，周边的绿篱足够突出以支撑这样的重量，就像是蓝色围墙具有的力度一样。Little 和 Lewis 的花园，班布里奇岛，华盛顿。

元素的布置也能影响均衡。一个元素相对于另一个元素的位置能增进或者破坏与其他设计元素的均衡关系。例如，假设你在垂直轴线一边布置了一组优雅、高耸、白树皮的桦树，另一边等距布置了低矮、圆形、浓密的松树，桦树因为其高度和亮丽的颜色会看起来更重。如果你把松树移到离轴线足够远的地方，万岁！松树获得更多视觉重量感，二者达到了均衡。

统一

花园设计要点之一就是统一各种元素。均衡不一定统一，反之亦然，但如果不能做到二者兼有，花园很难达到协调一致，或者具有你喜欢的平静感。

统一说的是知觉。由德国知觉心理学家提出的知觉组织的格式塔原则，用以解释大脑如何理解和组织我们感知到的东西，是基于一个认识：大脑倾向于简化我们看到的东西。换句话说是大脑趋于感知总体大于其各部分的总和。大脑用我们自己理解世界的方式转译我们看到的一切，主要依据个体的文化背景和个人经历。也就是说，大脑不仅仅是一部照相机，因为它试图理解看到的东西。这就能解释为什么我拍完照才发现有根水管躺在我前面，我的照相机看到了水管，而我的意识看到的是整个构图。

以下基本的关于格式塔原则的解释将帮助你理解如何在设计中达到统一：

- 简洁。用最简单的形式组织看到的事物，一连串叠加的圆形成一个复杂的形状。

- 闭合。从整体或者物体各部分的总和理解事物。我们会忽视一个个间隙，将其连成线。我们不是看到树的叶子、根、质感或者树干，而是树。即使图形不完整，我们的意识会根据已经知道的补全缺失的部分。

- 相似。我们的意识趋于将相似的物体放到一起。如果物体有相似的形状或者颜色，更有利于意识这么做。我们不会看到分开的每一只鹿在咀嚼种植的玉簪，而是看到一群鹿在这么干（希望没有鹿吃你的玉簪）。

- 接近。我们易于将临近的事物整体看待，只见森林不见树木。

- 图底。我们倾向于将形状从视野中分离出来，物体主导背景。虽然我们既能看到物体也能看到背景，但是只能关注其中之一。

- 连续。再一次，我们的意识倾向于看到整体而不是每一个构成要素。这里是指，我们的意识将沿着同一方向运动的元素看成一个单元（例如，一群鹌鹑跑过花园或者一面长长的石墙而不是每一块石头）。找寻道路的本能与这一概念相关，我们倾向于跟随连续的混凝土道路而不会选择与之相交的碎石路。

审视花园的所有构成要素，看看它们与整体设计的关系或者起的作用，这一点非常重要。同样的，花园要达到统一，各构成要素之间的相互关系也很重要。格式塔原则非常有帮助。如果我试图找到某些事物不统一的原因，参考这些简单的原则能帮我找出问题并解决它。

时间

　　大自然提供了另一个景观设计需要考虑的要素：时间。每一天或者每个季节都能察觉时间的影响。时间通过室外要素的耐久性而被人们看到，如建筑或者其他要素。时间是看到的光影、雪花和落叶。当花蕾盛开、新叶初长，或者是看到巨杉长成了参天大树，时间从未如此明显。花园设计不能忽略时间这一关键要素。

　　每个季节，可能每一天，花园的均衡和统一都在改变。从秋天到冬天，随着植物和树叶的凋零，渐渐露出花园的骨架。冬天是观察留下的植物和硬质景观相互关系的最好时机。如果这些都很均衡统一，那么在春天鲜花盛开的时候你已经占领了先机。

　　每年秋天，我种植的色彩丰富的紫叶加拿大紫荆（*cercis canadensis 'forest pansy'*）给灰色的天空增加一缕阳光。第一场大雨过后，我的露台铺满落叶。大自然维持着植物的均衡，让落叶植物退去树叶，常绿植物保留着它的绿叶和针叶，多年生植物则留下根部以抵抗寒冬。我们要做的就是均衡这些植物的布置，不要只根据它们过冬的能力，同时也要依据它们与基本设计原则的一致性。

　　我们看到每个季节如何改变着花园的均衡，同样的它也随着白天和黑夜的交替而变化。因为在夜晚没有光线我们看不到颜色，在黎明和黄昏

静谧的过渡期间，形式和肌理扮演了更重要的角色。

设计一致性

在花园设计中我经常看到的一个错误就是缺乏连续性或者一致性。你可能喜欢很多东西，并想将它们都放进花园中。这不仅是混乱和简洁的问题，而是需要确立一个方向、坚持一种风格和自我克制。好的设计不会让人感到困惑。

风格

基本的设计原则应该包括风格。风格可以分为规则的和自由的。如果房子是规则式的，那么花园也应该是规则的——至少在靠近房子的范围应该如此。如果房子是自由风格的，那么自由式的花园看起来更舒服。

如果你懂得如何将几种风格结合在一起形成统一的设计，或者知道如何取舍，那么没有必要在花园中只确定一种特别的风格。在混搭的风格中，细节、线条、形式和尺度的一致性尤其重要。不同风格不需要像陈列室楼层的餐桌和餐椅一样互相搭配。细节之所以相协调是基于风格之间的尺度是否具有相似性，寻找风格的共同点。例如，如果一种风格是由简洁的直线主导，就需要谨慎考虑与充满细节的曲线风格的结合。如果物体

离房子和周边规则式景观一定距离的自由风格的草坪，兔子雕塑作为视觉焦点。这个雕塑很适合整体的小木屋花园主题。Robb Rosser 的花园。

之间的尺度和细节具有恰当的关系，结合还是可行的。将简洁的玻璃桌和装饰华丽的摄政风格座椅搭配在一起具有惊艳的效果。

然而，折中主义是复杂微妙的。材料可以作为共同的联系。用不锈钢作为椅腿的当代风格椅子可以和设计中使用了一些不锈钢材料的室外餐桌相协调。颜色也能统一不同物体，你可以围绕同一种花色选择更多不同的植物搭配在一起。

场所精神与花园主题

除了建筑因素，文化态度、历史视角和个人信仰都会影响你对花园风格做出决定。然而，还有一个更重要的因素需要考虑：周边环境，称作花园的场所精神（genius loci）。简单说，要注意环境固有的重要性，发现是什么让你的地产独一无二。它与邻居的地产有什么不同，有什么相同？

同时考虑建筑、文化、历史和信仰等因素让人觉得十分困难，发现这些因素和你相关的线索，这些可能成为花园主题的基础。建立花园的主题能帮助你决定取舍。可以从以上或者更多的因素中选择任何一个或者全部开始考虑。艺术家可能喜欢涡卷饰物或者玻璃材质，火车发烧友可能想要大尺度的火车模型喷着烟穿越他的火车花园，哲学家可能喜欢象征主义风格。和你的地产一样，你也是独一无二的个体。花园就是你自我表达的场所。为什么要去复制邻

同样的颜色将桌子周围不同风格的椅子组织在一起，形成了优雅的普罗旺斯室外餐桌。Moulin des Vignes Vielles，伊季尔，法国。JJ DeSouza 摄影。

居家的花园呢？你和你的地产不是你的邻居和他的地产。

综合考虑周边环境，你的想法将顺利实施。如果你住在冰屋（igloo）中，周边种植棕榈树合适么？另一方面，按照逻辑思维思考不意味着就不能拥有纯粹梦幻的花园，只要记住它是如何融入周边环境。有时候在出众设计和蹩脚的设计之间有一条明确的界线。

一个花园适合其场地、建筑和意图的案例是有一天我在巴黎漫步时发现的，花园位于一座传统的、雄伟的政府建筑前，它让我感到愉悦。花园由一组间隔布置的、具象的人物雕塑组成，从线性布局的齐腰高的绿篱植物中突然出现。花园的尺度、风格和简洁完美地衬托着突出的老建筑，

而没有试图与之竞争。

场所精神还包括房子的室内。什么是你希望花园中拥有的事物？最好的线索之一就在你的起居室。留心家具的风格、织物和油漆的颜色，还有碗橱、地板和家具的材料，你就可能找到答案。如果在房子入口有一块红色、黑色和黄色构成的地毯，将这些颜色用在门前室外的植物、陶罐、饰面和家具上。这样房门的入口空间具有透明性而不是阻塞感，使环境融为一体，而不是被分割开来。

正如一首曲子的旋律、和弦一旦改变，歌曲的曲调也应该与之协调，花园中的元素之间也应该相互协调，并且花园与你、你的房子和环境也要协调一致。

花园的大门是艺术化的泰式风格。想象的灌木修剪造型与大门和家的主题相一致。Ron Wagner 和 Nani Waddoups 的花园。

影响花园设计的其他考虑

除基本设计原则之外还有些其他因素需要考虑。花园设计中功能不是唯一的考虑因素，但如果想要花园设计成功，功能的角色显而易见。香味和我个人喜欢的因素——缘分，是花园设计中较为特殊的因素。尽管这些因素可能没有其他因素重要，但是它们能让花园设计更加精彩和出众。

功能

功能在花园设计中和基本设计原则一样重要，从必需要素而言，功能应该是设计的基本驱动要素。这不是说要放弃基本设计原则，而是说你的布局要能运转正常。功能和设计应该是一种协同关系，杰出的设计作品必须功能合理。也就是说交通流畅、活动空间充足、材料适宜。这是为什么设计师一再强调空间规划和布局。

花园功能和设计还要尊重新的科技发展和发现。类似可持续性、生物多样性、经济、气候变化和减少资源浪费等议题在花园功能中越来越重要。功能的变化也会改变空间的使用和我们的生活模式，这在花园的空间使用中更加明显。当然新的挑战意味着新的机遇，我们要换一个角度看待问题。

香味

我们看见树叶，触摸那毛绒的、起皱的肌理，听到它在风中沙沙的声音。但是花园中的植物让我们有机会不仅使用视觉、触觉和听觉去感受它。香味使用了我们的嗅觉，有研究表明它在我们记忆中保存的时间比其他感觉更长。香味既能有助于花园设计，也能起负面的作用。

知道一种漂亮的植物是不是有难闻的气味非常重要，这样的植物最好不要布置在室外的生活空间或者经常使用的道路旁边。你还需要知道多种芳香植物。它们的香味有多么强烈？强烈的香味最好是体验的时间有限，例如布置在道路两边。微弱的香味可以布置在露台或者是前门附近，这样你有更多时间体验它，而又不会感到不适。

没有香味的花园也就没有那么诱人，但是有些情况会限制使用这一特征，例如香味可能会恶化过敏和哮喘。深入思考之后再使用芳香植物。

机缘巧合

机缘，或者说是好运气，并非正式的设计原则，但也不能忽视它潜在的对花园设计的影响。有一年，我种植了几株十分诱人和色彩奇异的堇菜在我的花园中。偶然的机会，它们的种子传播到周边，扩大了范围，形成了漂亮的大面积种植。后来好运变成了不幸，附近的碎石道路给堇菜提供了良好的生存环境，少数有些还让人愉快，多了的则让人觉得无奈，最后就像是洪水泛滥，成为碎石道路的厄运。缘分不一定要能经受时间的考验，但是总有机会让缘分不仅仅是昙花一现。

准备你的概念方案

到现在为止，你可能对在花园设计中如何运用基本原则有了些认识。通过运用这些原则，你会完成一个初步设计，也称为概念方案。经过多次重复概念方案，尝试不同的想法和概念，直到最后找到一个最适合你的结果。

此时，你已知道每一个功能的位置，有了一个初步的布局，泡泡图。在布局过程中，注意你的线条。是不是各区域的形状都对位了？减少混杂的线条，必要时可以改变方向。在研究各区域的形状时，要注意比例和尺度。是不是有个区域长而狭窄？如果你不能改变空间，可以将其分为几段，改变过于狭长的感觉。在后面的设计过程中，你可以简要地考虑使用什么完成分割。是不是有面墙过于单调？思考几种构思覆盖这一垂直空间，考虑颜色的影响。要不要改变颜色？是不是换种肌理会使它变得有趣？能不能用有韵律的垂线和水平线设计一个棚架？针对每一空间，相对独立同时又从整体出发，基于基本原则构思不同解决方案。这是概念方案的设计过程，是最终设计成果的草稿。

一旦构建好框架，就能继续添加家具、植物、灌溉系统、灯光、硬质景观材料和风格。

设计假想花园

概念方案

基于泡泡图运用基本设计原则，我为假想花园做了些决定并完成了概念方案。

首先，我加了一条环绕房子的交通路线，并注意生成的线条和形状。到房子的路线是平行复制了前面的人行步道，这样不会过于直接，使去房子的行程变得有些悠闲，而不是必须正对着门走过去。通过较大的宽度表示出欢迎的姿态。从城市人行道连接过来的主要步道中轴线，水景、树、长椅增加了视觉重量与相对的车道取得均衡。水景的功能是连接长椅和车道的轴线上听觉和视觉的焦点。

雨水花园位于中轴线两边，并将两边的花园统一起来。雨水花园上面的道路可以是一座桥，后花园的雨水桶有一个溢水管和雨水花园从地下连接起来。选择正确的植物，雨水花园能成为整个花园的屏障。

我延伸了盆栽区域，想着做一个摆放盆栽的构筑物，同时也能掩饰 HVAC 设备而不影响其功能。这样减少了娱乐区周边的变化以免让人感觉混乱。盆栽单元和娱乐区另一边的草药花园取得均衡，草药散发出香味到娱乐区，同时焦点植物将提供一些高度变化增加趣味性。

火盆区的座位形成有趣的韵律，吸引人们围绕火盆这一焦点环视周围。我增加了高尔夫果岭周边种植床的高度，并在栅栏一侧设计了一个带顶棚架营造出隐私空间。

以下通过改变高程和形状解决了些功能问题：

- 雨水花园需要由边缘向中间做向下的坡度，在边缘能和其他种植区域融合在一起。
- 延伸多叶绿色植物花园和草药园以填满其他空闲空间，并维系一种连续性。我加了虚线提醒我使用柱状植物或者艺术品分割狭长的空间。
- 在遛狗场增加了带门的栅栏。
- 增加了围合垃圾桶的生动的构筑物以分散从宽敞的车道看过来的视线。
- 火盆座椅区使用方形而不是圆形。
- 我决定围绕烧烤区种植草药以柔化露台。
- 我曾尝试在果岭使用曲线形状，但是最终使用了长方形。在后花园有足够的功能和细节，不需要使用曲线进一步分散注意力，果岭可

以作为通向温室的道路，取决于草坪使用什么材料。

- 我认为我不喜欢将吊床放置在一片活动区域（果岭区），看起来不是个有逻辑的选择。设计中一定要它么？

我写下了为花园选择饰面和家具的时候应考虑的其他设计注意事项：

- 考虑一个装饰性的雨水桶以避免其成为眼中钉。
- 冥想长椅前面的空间也应该是欢迎客人的场所。
- 火盆和室外就餐区后面的大面积栅栏应该加以掩饰。
- 花园中应放置一些艺术品作为从房子的某些窗户看出来的视觉焦点。

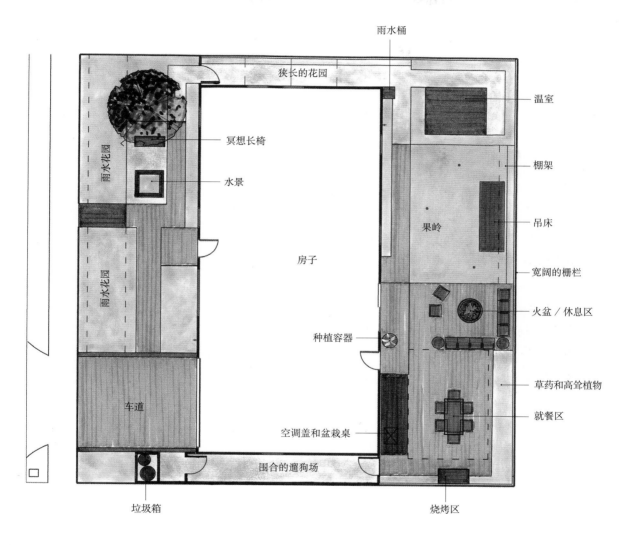

雨水桶

狭长的花园

温室

冥想长椅

棚架

水景

吊床

雨水花园

宽阔的栅栏

果岭

雨水花园

火盆／休息区

草药和高耸植物

种植容器

就餐区

车道

空调盖和盆栽桌

围合的遛狗场

垃圾箱

烧烤区

第 6 章
饰面与家具陈设

选择是过程

　　现在你有个概念方案作为选择饰面材料和家具陈设的基础，这也是你回到现实的时候了，因为现在你会想起设计追随预算这个说法。选择的过程一般从硬质景观的饰面开始，包括类似道路的水平面和类似挡土墙的垂直面的表面材料。如果有家具陈设（家具和饰品）要再利用，在选择饰面和增加家具陈设的时候要记住它们。这一章的最后你将完成饰面和家具陈设的平面图。

　　现如今饰面和家具陈设的选择越来越多，特别是通过互联网选择更加方便。为花园设定一个主题能帮你做出决策，建筑和室内设计对选择花园的饰面和家具陈设风格也起到主要影响。在记录场地的时候列出的材料清单现在为选择饰面、桌椅和艺术品提供了方向。

　　当理解了评价每种饰面和家具陈设的标准，你就会更加容易做出决定。无论是你为铺装、垂直面、镶边、水景、架空构筑、储存空间选择材料还是选择家具陈设，考虑以下标准：

你将学习：

- 评价饰面和家具陈设的标准
- 哪种饰面最适合你的花园
- 室外家具如何适合你的需求和风格
- 如何为花园选择饰品

对页图　这张相片展示同一场地的不同混凝土材料，设计师技巧地用不同铺装材料进行功能分区。绿色的混凝土将花园中的两个功能区域分开来，并延伸向远处的花园。Michael Schultz 和 Will Goodman 的花园。

- **安全**。不是所有的材料都有安全问题，但是铺装、镶边和架空构筑使用的材料必须考虑其安全性，应该检查它们的饰面、构造和安装。特别注意那些你或者是养护承包商需要使用独轮手推车和轮椅的地方材料的安全性。

- **防护**。检查适合用于栅栏、大门和／或五金器具的材料以保证它们满足你的防护需求。

- **美学**。评价所有材料的风格、颜色和饰面效果，它们和现状构筑物（如你的房子）搭配在一起如何，它们相互放在一起效果如何。某种材料用在水平面还是垂直面会不会影响你的选择？它的方向性可能会让你考虑换更粗糙的肌理，或者换一种材料，或者颜色。

- **持久性**。所有的材料都有一定寿命。不锈钢是永不会坏的，而竹子可能只能用几年，取决于怎么使用。一般而言，持久性越好价格越贵，因此考虑持久性的时候要衡量你会在现在的房子住多久。你搬家的时候能带走的物件，可

喷泉欢愉地冒着水泡，为休息区提供了舒缓的背景。Michael Schultz 和 Will Goodman 的花园。

以购买支付能力内持久性最好的。有些材料可以考虑购买一些较便宜先满足初期的功能需求，之后再用贵一些但是持久性更好的材料替换。

- **维护**。是否容易保持饰面的良好状况应该是首先要考虑的问题。如果你没有时间给木平台和家具在必要时涂上表面涂层，你就不要考虑在花园中使用木材。如果你会使用压力清洗枪清洗砖铺露台，那就不要用沙和碎石勾缝。

- **可持续性**。考虑到全球气候变化问题，应关注你购买的材料的可持续性。然而制造商生产情况各种各样，因此要充分预期可能遇到的困境。事情不像你希望的那样清楚明了。例如，柚木只能在特定的气候生长，通常意味着用到它需要依靠长途运输。因此需要在交通能源消耗和柚木生长快、是良好的种植品种、具有很好的耐久性等优点之间权衡。参照"绿度（degrees of green）评价"进行考虑。

- **价格**。综合考虑以上标准，在支付能力内购买最好的。但是不要只看表面价格。

绿度评价

以下是关于事物可持续性程度的一些问题：

- 它的原产地在哪？运输它到你房子的距离值得关注。显然，距离越短，运输消耗的能源越少，能减少散发到环境中的温室气体。

- 这一产品限定多少新资源消耗？其消耗后废物（人们用完后抛弃的废品）再利用率有多少？

- 它的材料是可更新资源么？可以降解么？会生成多少消耗后废物？

- 它能回收再利用成同样的产品，或者至少是某一产品么？理想的是能再利用成同一产品。

- 用多久需要替换？如果其使用寿命很长，有时候用一些可更新程度较低的资源也是合理的。

- 它的生产和制作过程可持续么？生产它需要消耗多少能量？会产生多少废物？生产过程会对自然环境：土壤、水、空气和树产生什么影响？

有时候东西越贵使用寿命越长。如果某一物品每 5 年需要更换一次，和另一件价格翻倍但是可以用上 20 年的物品相比较，哪一个更贵呢？

景观饰面

有些你决定使用的饰面可能有配图，这样你或者你的建造商能充分理解如何建造和估算造价。有些情况下，制造商会为你加工制作好再帮你现场安装。你要怎么和他们交流，告诉他们你的需求呢？如果你有图片或者图纸，你可能需要提供尺寸，有时候还有细部，以保证他们能正确建造。你可以和制造商商量细节寻求解决方案。

我发现一个设计中最大的错误就是忽视不同材料的交界线细部处理。任何材料都会膨胀（遇热）和收缩（遇冷）。将两种材料放在一起，你需要留下一点多余的空间允许它们正常的

凉亭（灵感来自一本关于中国家具的书）的铜管时间长了会生绿锈，竹子会腐烂。竹子衰败的速度取决于气候条件。黄绿色的叶子和靠近顶部的深红色玻璃装饰的尖顶饰品会保持不变。作者为自己的花园设计。铜器制作 Mike Lindstrom。玻璃制作 Andrew Holmberg。安装 Gordon Young。

一位艺术家用回收材料制作了这个铜和铁的鸟类戏水池。于一次每年举行的再利用材料艺术节上购得，作者的花园。

膨胀收缩。

　　熟知自然式镶边，如一块木头的一个侧面。如果你选择裸露它，会给它做饰面么？特别要注意对接接头，也就是一种材料和另一种材料简单地边和边相接。最简单的交接也最优雅。无论如何，我见过大量深入细节的构思考虑使它变得简单。

　　铺装材料可供选择的种类非常之多，因此你肯定能找到一种既能满足你的需求又在预算之内的材料。每种铺装材料都有自己的抗滑性能，称为摩擦系数。摩擦系数越高意味着摩擦力越大、越不容易滑倒。例如，橡胶在潮湿的混凝土上摩擦系数为 0.6，而在干燥的混凝土上摩擦系数为 1.0——差不多两倍潮湿混凝土具有的摩擦力。有些材料干湿不同情况下差别很大，也就是说他

们在湿的时候相当滑。通常材料表面越光滑，它越可能随着湿度的增加变得越滑。有涂层可以增加材料表面的摩擦力，但是涂层也增加了材料的维护工作，因为它们一般每经过一段时间就需要重新涂刷。

　　构筑物这一分类包括很多室外建造项目，凉亭、平台、藤架、露台、挡土墙、栏杆、阶梯和阶梯栏杆、栅栏，多数都要求一定的工程措施保证它们的安全性，避免安装后产生坍塌的可能，这也是建筑法规的作用。构筑物可以用石材、混凝土、金属、木材、玻璃和更多其他材料建造，制造商和销售商经常会介绍新的产品。去做调查吧！你可能会有意想不到的收获。以下是一些常用标准材料的基本信息。

这些不同的材料优美地结合在一起。Michael Schultz 和 Will Goodman 的花园。

自然石材

自然石材是常被选择的饰面材料，它也是最昂贵的材料之一。自然石材的优点是美观和很好的耐久性。在中国北京紫禁城的御花园，景观置石和石板道路有几百年的历史。人们经常行走的地方磨损的痕迹体现出石材的耐久性。

选择。采石场具有最多的选择可能性，一般会有安装的样品、大块石头、金属笼容器装好的定量石材，也有购买少量石材的地方。石材一般预先切成正方形或者长方形，也有自然形状的板石，以便于铺装。根据石材种类不同，厚度不一。预切的石材一般也计量好(具有相同的厚度)，这样易于安装。石匠（专门安装石材的承包商）通常在混凝土（有时称为混凝土垫层 rat-slab）上安装较薄的石材（1～2英寸）。厚一点的石材（3英寸以上）可以使用也可以不用混凝土垫层。

石材颜色在干湿不同情况下变化很大，如果你计划密封石材应特别关注这一点。

最近，石材被加工为薄片饰面使用，有时候像瓦片一样，使得安装更加方便。你也能找到大石块和碎石，用在水平或者垂直面，或者其他你能想得到的任何地方。

产地。选择石材时产地是考虑因素之一。有些石材来自遥远的中国、印度和南美洲。这一信息也告诉你它的室外耐久性。有些石材只能用于室内。本地的石材会让你的花园看起来更加自然。

饰面。你能买到各种饰面做法的石材，自然饰面的石材表面具有较多变化。如果你想减少变化，就需要对石材进行切割和人工修饰，如抛光、火烧、打磨等。每种饰面做法都有不同的光泽和抗滑性能，在你决定之前，在干湿不同情况下到上面走一走试试。

颜色。石材也有不同颜色，如果在干燥的天气选择石材，记得看看打湿后颜色的变化情况。如果你打算对石材密封后安装，这也能让你对色彩变化有一些认识。

安装。如果你有力气、一些基本的技能和知识的话，石材安装可以是个DIY的项目。然而石匠通常能更好地安装石材，但这也是石材安装比较昂贵的原因，特别如果是你聘请了个好的石匠。很多好的石匠可以说是艺术家，因为他们在观察石材的肌理方向、以最有利的方式切割石材方面就是专家。他们也知道石材的结构特性、密度和吸水性，这些在实际运用中都是很重要的因素。

有种古老的安装小块的石材或者鹅卵石的方

法，称为碎石拼装（Pebble mosaic）。将鹅卵石拼成各种图案，再用沙子或者灰泥固定。正确的安装碎石拼装能维持很长时间不会损坏，它是全世界不同国家都使用的一种传统的硬质景观。碎石拼装几乎能表现你能想象的所有图案，唯一的限制条件是你能获得的石材的大小和颜色。石材大小影响了给定图案细节的表达，因此如果你决定在花园中使用碎石拼装，那在最终设计确定前

要明确有哪些可用的石材。

维护。自然石材易于维护，特别是你不打算使用密封胶。密封胶需要周期性地重敷，时间间隔可以参考制造商的推荐值并根据具体情况而定。情况越糟糕，越需要经常性的重敷密封胶。

价格。中档到昂贵。可得性、产地、需求和安装的方便程度都将影响自然石材的成本。

一个有趣的鹅卵石拼图构成了火盆区的一部分，和火焰一样具有一种催眠的效果。Marcia Westcott Peck 景观设计公司设计。

混凝土砖铺装材料、挡土墙系统和文化石

　　混凝土铺装材料、挡土墙系统和文化石有各种尺寸、形状和颜色可供选择。

　　选择。铺装材料有各种厚度，要确定其厚度适于你想要的铺装种类。有些铺装材料专门为可渗透铺装生产，通过允许水渗入土壤，可以提高排水性能和减少暴雨径流。

　　挡土墙系统有不同风格和肌理，其设计易于安装，但是承包商和你还是需要了解一些挡土墙建造的基本知识。如果安装不正确，水压力很容易导致挡土墙坍塌。如果墙体超过一定高度，你可能需要申请施工许可，并经过工程处理确保建造的合理性。挡土墙后面还需要排水和承重的基础。墙体也需要有一定的倾角，向着土壤一侧倾斜。

　　文化石是一种看起来很像石材的混凝土产品，近年来才被引进。它和石材一样经过预切割和预制，用作薄片装饰材料。不同的产品模仿石材的程度不同，模仿的越逼真价格越贵。

通过环形鹅卵石拼装成的一条活灵活现的龙。这一古老的、多文化的象征符号与内圈种植的百里香象征的时间之环相对应。作者为自己的花园设计，Jeffrey Bale 安装。

安装。几乎所有景观承包商都能够相对容易地安装混凝土铺装，重要的是先要根据制造商的推荐铺好密实、稳固的垫层，遵照制造商的建议有利于产品的维护和质量保证。混凝土铺装材料也是较容易 DIY 的项目，你可以将它用沙子和灰泥固定。挡土墙则需要更多的专门知识，如前文所述，有可能还需要遵照当地法规。

维护。混凝土铺装材料和挡土墙系统通常容易维护。如果你住在乡村地区，苔藓易于生长，你可能需要通过压力清洗枪抑制它们的滋生。很多制造商生产可渗透铺装产品，你需要权衡渗透和维护之间的关系。如果你必须使用灰泥或者聚合砂浆安装铺装材料，形成不透水表面，那你要确定已经考虑好如何收集雨水或者将其引流至安全的地方。

现浇混凝土

混凝土可以水平浇筑成露台，或者垂直浇筑成挡土墙，或者浇筑成其他如座椅、火盆和更多东西。垂直的混凝土构筑可能需要工程设计，通常使用钢筋加固，能作为其他材料，如石材和砖的基础。

选择。混凝土有不同肌理和颜色。抹平饰面是标准的、便宜的、具有良好摩擦力的饰面方法。也可以模仿石材做成印花混凝土，直线的图案看起来坚定有力。混凝土也能磨光或者在表面掺加石子骨料。还有渗透性的混凝土，但是作为刚出现的新技术产品，还需要继续调查研究。

颜色。给混凝土上色有几种方法。混凝土在未凝固状态下可以加入颜料粉末（称为完整上色 integral color）。此法能让整个材料都染上颜色。整体着色剂通常生成一种灰色系，纯度较低。另一种给混凝土上色的方法是浇筑混凝

混凝土铺装材料是黑色沥青铺装的优秀替代产品。它能减少车道的吸热，由于不使用灰泥，也能增加场地的排水性。Mark 和 Terri Kelly 的花园，Vanessa Gardner Nagel，APLD。Seasons Garden Design LLC 设计。

土时在表面抛洒颜料粉末，这种方法颜色稍稍明亮一些。颜色最强烈的方法是涂刷或者喷洒着色剂，一般会喷洒几种颜色混合形成非常漂亮的色彩效果。后面两种方法都需要使用密封胶以减少对混凝土的刮擦，而且颜料都只凝固在混凝土的表面。通常会将两种方法结合起来以增进色彩的持久性。尽管使用了密封胶，有色混凝土还是会随时间褪色，时间长短取决于阳光曝晒的程度。

安装。合理的现浇混凝土施工需要有密实的碎石垫层，面积较大时还要使用钢筋加固。在混凝土浇筑时需要使用临时的模板。对混凝土而言饰面做法非常重要，饰面越好，现浇混凝土越美观和耐用。如果花上一定的时间学习正确的施工方法，这也是适合 DIY 的项目。

维护。混凝土很容易维护，特别是按照密封胶制造商的建议涂刷好密封胶。密封胶能够阻止磨损和气候因素导致的混凝土变脏和表面退化。密封胶需要定期重敷，请调查具有可持续性的其他选择。

这是一个当代花园的施工过程,挡土墙需要工程设计,通过现浇混凝土稳固土壤,之后才能建造花园的其他部分。

价格。混凝土的价格区段从便宜到昂贵的都有，决定于谁施工、最终的饰面做法、是不是需要上色、如何上色、上色的总面积大小等。面积越大，单价越便宜。

碎石

走在碎石上总有一种好听的嘎吱嘎吱声音，如果不是压实得很紧密，排水性能也很好。

选择。碎石有不同尺寸、不同的石材种类、含不含石屑（细微的石材颗粒）等区别。例如，1/4- 是指粒径为 1/4 英寸含石屑的碎石。当碎石的型号中含有减号时是指含有石屑。型号的表达有不同方式，你的地区可能有当地表达方式，因此需要和采石场商讨碎石的粒径和应用范围。石屑有利于碎石压实和固定，1/4- 具有精细的肌理，通常比 5/8- 更好。不要用豆粒砾石（pea gravel）作为铺装材料，它会被弄得附近到处都是。石子是圆形的，也不好压实，在上面行走困难，对使用拐杖的人或者轮椅、独轮手推车都是

碎石是一种诚实的材料，世界各地很多场所都使用它。它能让水渗透到土壤中去。这位设计师艺术性地将碎石和漂亮的镶有蓝色玻璃球的石砌墙结合在一起。Michael Henry 和 Barbara Hilty 的花园。Barbara Hilty，APLD，Barbara Hilty 景观设计公司设计。石艺 Chris Randles，Emerald 砌石公司。玻璃制作 Andrew Holmberg。

一种挑战。

现在人们对可持续性和循环再利用越来越感兴趣，发现了很多非传统的"碎石"种类。我看到的一种就是回收利用陶片，和混凝土搅拌在一起。这种碎石可能只适用于有限的地区，除非你伟大的阿姨留给你一大批旧盘子作为遗产，或者你能在当地的旧货店用低价购买到。

安装。使用大粒径碎石（0.75 ~ 1.5 英寸）作为垫层能帮助固定碎石铺地，还需要选择镶边材料容纳碎石。之后只需要将碎石铲入独轮手推车运到地点，保证压实后 4 英寸的厚度。使用景观织物作为衬底减少碎石下移和深根杂草的生长。

维护。碎石需要多点时间维护，因为种子会在里面发芽。自然情况下大多数会是杂草，尽管我的碎石道路曾长满了楼斗菜（Aquilegia）的芽。这种情况下，我会移植它们或者将它们用来堆肥，然后修补道路。我也使用除草火把来防止野草侵占我的道路。我还喷洒蒸馏醋来控制野草生长，这一技术对很多野草都管用，尽管不是所有的。由于没有办法控制碎石道路上的野草繁殖，而尝试更加严厉的方法的情况并不多见。

价格。碎石是一种最便宜的材料，但同时又很好看和实用。

木材

除非加压处理过—— 一种让木材抗腐化的化学方法，否则木材很少用在地面下（请注意经过加压处理的木材和铁道的旧枕木都不适于用在食用植物周围，因为木头中的化学物质会侵入到土壤中）。碎木片能铺装出效果极佳的道路，特别是使用类似杉木或者是红木等防腐木材。某些品种的碎木片还兼具防腐和抗虫效果。防腐园木的切片可以在树林中铺装出有趣的汀步，虽然随着时间流逝它会腐烂。也能用垂直放置的短圆木桩作为低矮的挡土墙，这是日本花园中流行的技巧。

选择。新近的、可持续性砍伐的木材，经过森林管理委员会（Forest Stewardship Council）认证后，就能进入室外木材的市场。谨记运输因素会增加成本并消耗更多能源。合成木材是一种看起来和切割起来都像木头，但是具有更好持久性的产品。弄清楚计划使用的合成木材是否满足结构要求，可能需要将其结合另一种结构型木材一起使用。

安装。安装一个木平台或者凉亭需要一定的结构知识。应确保满足法规要求，保证结构的完整和安全。而安装一个用木材或者合成木材制作的抬高种植床则不需要考虑什么结构规范，适合初学者。然而，如果你在上面加了个座位，则需要确保其结构可靠。

维护。天然木材需要定期维护，但是它非常漂亮，因此大多数人都愿意这么做来保持其美观。在重新饰面时，可能会需要使用压力冲洗、去污和砂纸打磨。你能给木材着色或者上漆，改变成你期望的任何颜色，这是木材的有利因素。如果你想在加压处理木材的表面增加涂层，则需要向销售商咨询，选择合适的产品。因为加压处理木材和一般木材着色或上漆的方法不同。合成木材之所以流行是因为它除了偶尔清洗以外基本不需要维护。

价格。天然木材价格适中，合成木材价格翻倍或者更多。

金属

金属一般用作栏杆或者是垂直表面，除特殊情况外，很少用作铺装材料。有时候，会用金属做楼梯或者桥，从一个地方通往另一个地方，而且会在金属上穿孔以便于排水和增加摩擦力。钢和铜可以做成很好的凉亭、棚架和观景台，它们使任何设计都变得可能。金属和其他材料如木材和玻璃结合，可以为花园的多媒体构筑物或者艺术品添色不少。

选择。金属材料有不同标准的薄板或者是管材，标准指的是金属的厚度。数字越小，厚度越大。制造商会根据用途决定厚度，越有结构需求，金属材料需要越厚。科尔坦耐候钢板有锈蚀的表面，采用合理的厚度可以做成与众不同的、纤薄的挡土墙。铜会氧化，变成深褐色，最后会有一些蓝绿色的条纹和斑点。

安装。金属安装需要现场测量和场外制作，可能分为几段运输到现场然后拼装在一起。制作商一般只愿意安装自己的产品。

科尔坦耐候钢挡土墙和抬高的种植区是植物极好的背景。Cameron Scott 摄影。

维护。因为金属会氧化（和空气作用），所以除了少数例外，其他的都需要养护。这由你决定，氧化的过程通常令人满意，因为它赋予一些金属漂亮的绿锈。市场上有产品可以给金属涂上涂层防止过分氧化，但是需要重复涂刷维持效果。你也可以将金属用粉末喷涂成各种颜色，既可以防止氧化，也不需要重复喷涂。此外，需要考虑你居住的环境，含盐的空气会使金属氧化更快。

价格。金属材料一般价格由适中到昂贵，取决于饰面、厚度和加工的人工成本。如果金属材料很薄而且可以氧化，那价格不会太贵。热轧钢材比冷轧钢材便宜，尽管加工商需要处理表层以阻止锈蚀。评估金属的用途、最初和最后的外观。

锈蚀的钢材看起来不错，但是如果用它作凉亭，会掉落锈迹在下面的铺装上。

镶边

可用各种材料镶边，让铺装看起来更加整洁和清晰。

选择。市场上有三种线性的镶边材料：木材、钢材和塑料。木材，可弯曲的木板（通常称为曲木板，benderboard），时间长了会腐烂，即使经过加压处理，加压处理木材只是腐烂相对较慢。镀层钢板最薄，是镶边的最佳材料，因为持久性最好，而且安装后不是很显眼。塑料因为价格低、易获取，也比较流行。然而，塑料在寒冷的气候容易凸出地面，偏离原来的位置；或者让人感觉

钢材镶边将两种不同材料和硬质景观与种植边界区分开来。Laura M. Crockett，Garden Diva Designs 设计。

摇晃不稳，特别是在没有正确安装的情况下。

　　石材无论切割与否，都能用以制作漂亮的自然风格镶边。甚至混凝土铺装材料侧翻过来也能作为很好的镶边材料。非传统的材料，例如倒翻向上的瓶底是有趣的做法，能为了无生气的地方增加乐趣。调查研究其他可循环利用的材料。

　　安装。任何线性的产品都需要用桩标注确定其垂直和位置正确，这相对而言容易做到。而石材要放置得好看，需要更多技巧和气力。混凝土铺装材料也易于安装，施工较快。镶边的安装都需要一定的工具，如水平尺、木槌、锤子、钉子、木桩和铲子——有时需要一些挖掘工作。

　　维护。木材镶边因为会腐烂所以要定期更换，合成木材是一种替代的选择，但是如果做到曲木板一样薄，它会有些像塑料。塑料镶边可能需要定期重新安装，如果它偏离直线或者在冻解冻循环下胀出地面。

　　价格。除石材外，所有镶边材料相对而言都不贵。

护根

　　护根是花园的重要构成要素，因为它能帮助清除野草，保持土壤湿润，防止植物根部冻坏（取决于你居住在什么地方），时间长了还会腐化以增加土壤的氮，也能让花园的种植床看起来更加整洁。护根材料多种多样，通常根据你居住的地方不同。如果你的居住地靠近丰富的松树林，松枝可能很容易获取；如果居住的地方红木或者杉树很多，那从这些树就能获取现成的护根材料。堆肥是一种特别好的护根，因为从你将其覆盖在地面开始就能给你的土壤提供养分。堆肥类的护根材料中，很多都把当地树皮用作堆肥材料。护根颜色会变化，我很喜欢和当地土壤颜色相搭配的变化。

　　我常用自己的千层面式护根防止野草生长。如果我想在种植前掌控某一区域，先将这一区域

1/4-10 砾石护根在冬季吸掉植物根颈的水汽，夏季保持根部凉爽，减少用水。Joy Creek 苗圃，斯卡普斯，俄勒冈。

仔细的浇湿（或者等着下雨），然后在土层上面铺上纸板或者是报纸，将其全部打湿，最后铺上2英寸厚的堆肥。如果已经有现存的植物，我会改变方法。我通常用4层报纸（大豆油墨）取代纸板围绕植物放置，然后打湿报纸，加上堆肥。这么做，会使在冬天含有黏土、结块的土壤到了春天变得松散很多。蚯蚓很喜欢纸，它们钻出土壤，将纸带下去，这个过程也同时将土壤翻松通气了。

另一种很好的护根材料是我们地区叫作1/4-10砾石产品。通过10号滤网能获得符合要求的石子，没有石屑。我也用豆粒砾石作为护根，尽管它的粒径有些大。豆粒砾石和1/4-10砾石都像是植物根颈周围的毛细管，通过良好的顶层排水性防止湿气腐坏植物根颈。我也曾将砾石放在报纸上。记住你们地区的石材产品标识可能是不同的。

家具陈设

如果你已经用家具布置过房子的室内，就会对房子的室外如何布置有一些想法。桌椅、陶罐和容器、艺术品是经常使用的花园家具陈设。我还会考虑布置些不用电源的灯。

花园家具

如果你现有的家具可以重复利用，那么就需要评估一下它们的状况。需不需要通过翻新改善外观？粉末喷涂公司能不能给上一层新的涂层延长它的使用寿命？这样的评估工作同样适用于你找到的其他再利用家具。如果你打算购买新家具，那么选择范围很大。如果你要清除旧家具，可以将它们卖给或者赠送给慈善机构以再利用。

现有的家具风格适合你的新花园么？如果你购买新家具，同样在去商场之前要设定好几个参数。其中之一就是与你花园相协调的一种或者多种风格。如果你的花园是当代风格，那么家具也应该是当代风格。如果你有一个村舍花园，可以考虑类似耐候柳条家具的风格。如果你知道怎么做，而且觉得比较适合你的花园，也可以采用折中的风格。再强调一次，主要的线索来自你的房子和室内设计，回忆一下关于比例、尺度和其他"设计基础"的探讨。

好的室外设计对材料要求很严格，所以必须仔细衡量什么材料适合你的情况。如果你居住在炎热、干燥的气候区域，则需要能够抵抗太阳紫外线的材料。如果你居住在潮湿的气候区域，则需要与苔藓和霉菌做斗争。在冬天你可能需要软装的室内座位，尽管制造商宣称他们的家具能够承受室外气候。

软装。
自然纤维不适宜在室外使用，除非只是偶尔使用后又搬回室内。如果希望将一些软垫或者织物留在室外，则需要采用专门的织物材料——通常有聚丙烯、涤龙、尼龙。尽量使用可循环利用材料，因为大多数合成纤维都是汽油的衍生产品。室外织物具有耐候性，但毕竟不是防弹材料，适当的打理还是必要的。经常阅读纺织公司提供的参考资料。针织图案比印花图案更耐用（印花织物的内面比外面颜色要浅）。

好消息是越来越多的纺织厂开始生产室外纺织品，所以可供选择的颜色和图案越来越多。不管有没有花卉，它们都能在花园中起到非同凡响的效果。

功能。 无论你购买什么都要功能合理，否则就是浪费钱。如果一张餐椅需要经常转过去面对火盆，那么它是可旋转的么？看看桌椅下面的铺装，如果你放一张尖脚椅在草地上，猜猜会发生什么？你坐着会很快沉下去一点。要用在草地上工作正常的椅脚而不要穿透草地。还有，在你选择的铺装上面移动一张椅子容易么？有时候选择是个反复的过程。不要让一张椅子决定铺装材料，

除非是现有的一张价值不菲的椅子。

建造。 家具的设计与制作可以使一件家具的使用寿命大不相同，从 1 年到 10 年不等。要注意使用的材料，相同材料的不同连接方式，以及结合不同材料的细部设计。例如，注意木材是用的平接还是鸠尾榫（一种独特的交接方式），检查焊接的节点是不是清洁。

移动。 室外家具可能会有不同的功能，如果你计划到处移动它，则需要考虑它的移动性如何。如果要经常移到花园的另一边，是不是太重了？如果是，那就选错了椅子。在桌子下装上轮子是不是有利于移动？是不是有一条路线用来移动家具，而不会撞坏栅栏和家具？你喜欢的那个可爱的小凉亭需不需要加宽，使其可以通过家具？

在这一系列室外织物中，注意由不同颜色重复的图案（称为色彩设计）。纺织厂通常会生产一组色彩相互协调的织物。确保你选择的织物符合你的使用意图。感谢 Sina Pearson Textiles 提供以上织物，Sunbrella 是 Glen Raven Inc 的注册商标。

舒适。如果一件家具没有舒适感，就会很少被用到。它让人觉得很漂亮，但是不舒适，那只是艺术品，不是家具。如果你想待在外面欣赏你的花园，你会需要一个舒适的地方坐下来，还有张高度适宜的桌子可以舒服地吃东西或者闲聊。在购买家具之前使用一下，就会知道是否舒适。我是不是用了很多"舒适"一词？你必须这么做，否则你根本不会坐在你买的椅子上，而是跑去清除野草。

人的因素。人体工程学和人体测量学是两个对家具制造商和设计师而言很重要的词汇，它们也同样会影响你。它们之所以重要是因为每个人尺寸都不一样，而家具尺寸必须和人相协调。例如，要注意座位的深度，如果想舒服地尽量靠后坐在椅子上，就可能要减少膝盖后的活动空间。桌子是不是高度适宜？这样不用蜷缩坐着而损伤脊椎。是不是休息椅和你的身体弯曲一致呢？

遮阴。如果你有固定的遮阴结构，就不需要再购买遮阳伞或者其他类型的遮阴设施。然而，如果你购买遮阴设施作为家具，要确定它的织物能用多久，是抗褪色还是不褪色的？是不是能随着太阳或者风的变化方便的弯曲或者移动。还要用合适的基础或者是五金构建固定好，否则遇到大风会被吹走。

如果你和设计师合作，就可以选择更多只卖给经销商的织物和家具，而且你还可以在各种家具上指定使用你自己的材料（COM，Customer's own material）。这一服务让你有更多的灵活性选择合适的颜色和图案。问一问你的设计师如果你按时间付给他们酬金，是不是通过他们能获得好的折扣。有些设计师只会写有关家具的设计说明，然后你通过销售商或者零售商购买。这一情况下，设计师会按时间收取费用，并帮你和销售商协商折扣。

令人沮丧的是虽然有很多很好的家具可以选择，但是没有足够空间提供样品参观试用。大多

一个放在靠近房子角落的惬意的椅子，提供了观赏花园的视角和一个遮蔽之所。Richard 和 Elizabeth Marantz 的花园。

数人在买家具之前喜欢试坐一下椅子或者坐在桌子旁看看感觉如何。这就是常说的百闻不如一见。因为制造商在有限的地方有销售代理或者是展示柜台，你可能需要到最近的点去试一试，特别是在你自己想要或者在购买一件长久使用的昂贵家具时。可能你在那还能顺便观光一下。

当你选完了所有的家具，你可能收集了很多销售代表散发的带有图片的宣传资料。你也可以从任何一个销售代表或者制造商处获取。如果你没有拿到促销的图片，也可以自己拍摄相片，有时候销售代表会帮你拍摄。集中这些相片，（和现有的家具一起）进行评价，是不是所有的东西都相互协调？

陶罐和容器

陶罐和容器是两个意思相同，可以互换的术语。如果你将"陶罐和容器"理解为"陶罐和陶罐"，你需要知道不是所有的陶罐都相同，工匠们使用不同材料制作陶罐。他们在窑内烧制陶罐，火的温度（商业上称为窑温，cone temperature）越高，透水性越差。有限的透水性让它们在室外低温下不会开裂和破碎，因为含的水汽空隙很少。水汽进入空隙会膨胀，致使陶罐破裂。有些最能经受气候变化的陶罐生产于越南和意大利。

混凝土罐比较粗糙，比大多数陶罐更加能经受恶劣的气候。它们通过模子浇筑，只要混凝土配比不变，就能一模一样的进行复制。

所有金属也都一样。铁很重，而锌和铜稍轻。如果你在为金属罐选择植物，要考虑到金属罐会很快传递冷热到植物的根部，或者你可以将金属罐放到一个更加掩蔽的地方，如果你想好了在这种什么特别的植物。

雕刻的石头容器非常重，而且价格不菲，即使小型的石罐也很难移动。然而，石材却具有其他材料容器没有的有趣特征。

石材容器可以存储水而不会开裂和破碎，也是一种保持植物根部凉爽的好材料，如果你不想

尽管黑法师（*Aeonium 'Zwartkop'*）不抗冻，但是这个来自意大利因普鲁内塔（*Impruneta*）的陶罐却不怕。在一个类似这样的雕刻的石头容器种植一个向上生长的植物让二者相得益彰。作者的花园。

经常给植物浇水，这一点很重要。

　　最近，有种看起来很重但是使用轻质的玻璃纤维或者塑料做成的种植容器，有的模仿得很逼真。当你真的需要一个看起来很重，又需要经常移动的种植容器——无论有没有种上植物，这时上述容器就发挥作用了。

　　以上提到的一些种植容器能在几乎任何气候下放在室外，但是有一些则需要保护工作。遵循制造商的建议可以延长容器的使用寿命。有时候

这个釉面陶罐在任何天气下都能放在室外，考虑种植同样耐候性的植物，例如圆柏（*Juniperus scopulorum 'Snow Flurries'*），将陶罐放在砾石上以利于排水。作者的花园。

装上"支脚"或者其他方法将容器稍微抬高地面能改善它抵抗霜冻的能力。

　　一般而言，容器的重量不是个问题，因为它放在地面上。然而，当容器放在平台或者是没有考虑额外静荷载的屋顶的时候，这便成了问题。如果你有任何疑问，请咨询结构工程师计算一下你的场地能承受的最大荷载。

　　和选择家具一样，选择种植容器的时候也需要参考房子、室内和花园的设计风格。如果你的房子是一个经过修复的色彩丰富的维多利亚式风格，可以选择一些装饰性的陶罐和房子的细部相协调。你也可以从房子的颜色获得灵感选择种植容器。

花园艺术品

　　花园中的艺术品可以像竿顶优雅的鸟舍一样简单，也可以像亨利·摩尔（Henry Moore）的雕塑一样绚丽。艺术真的是情人眼里出西施。

　　如果你将购买新的艺术品，整个世界就在你家门口，你能自己选择或者让一个艺术家为你量身定做。如果你要用现有的艺术品，那么需要在设计中留出地方来放置它们。

　　在你最终决定是否或者在哪里使用艺术品之前，首先要调查清楚你计划使用的艺术品。给每一件艺术品拍照，记录总体的尺寸和看看是否有特殊的安装标准以确保它们在适当的位置。有可能你发现一些现有的艺术品在新花园中不合适，如果这样，你可以卖掉它们然后用换来的钱买新的艺术品。

至于挑选新的艺术品，我的一位客户是证明事情如何经常出岔子的很好案例。电话中是这么说的，客户："我刚找到一件很美的艺术品可以放在前门附近，在买之前想听听你的意见。"

我："太好了，什么样子？"

客户："我发电子邮件告诉你链接。"

我去收电子邮件，链接到一个有不错的艺术品的网站，也看到了那件客户心仪的艺术品。我的客户想建造一个西北太平洋地区山区特点的花园，有干净的线条、许多石头和艳丽的植物。当我打开链接看到一件当代的非洲艺术品时大吃一惊。这件简朴的、极少主义作品和正在建造的花园没有任何联系。它的尺度相对于花园粗壮的硬质景观显得过于单薄，可能与她现代风格的室内设计有些相称。现在的主要问题是：当代的、精致的室内设计风格和室外必不可少的自然主义环境不一样。我必须婉转地告诉客户这一坏消息。

除了选择，布置也是艺术品相关的关键问题之一，需要能衬托艺术品并让它成为视觉焦点。如果环境不能衬托艺术品反而是掩盖了它，那周边环境和艺术品就不相称。有些合理的位置布置艺术品非常好，道路的尽端是一个完美的位置，因为人们走在道路上需要有东西诱使他们往前走，如果是一条很长的道路，这样会让它看起来变短。另一个好的位置是从窗户看出去的视野当中。注意观看艺术品的方向：直接向前看、俯瞰、仰视还是从侧面看？光线的方向是怎样的？需要背光来取得最好的效果么？

设计假想花园

选择饰面和家具陈设

现实的设计过程中事情总在变化，假象花园也不例外。当我在空间中布局家具时，有了一个新的想法，我作为"业主"，改变了主意。

我决定我这个非常忙的"业主"不会有时间使用吊床，一年不会超过 3 次，因此我将其从概念方案中去掉了。我还标注架空的棚架和就餐区的遮盖可能需要遵守当地法规，以获得特别的批准。

饰面

假象花园需要以下饰面材料：

- 水平硬质景观（步道、石桥、露台表面、种植槽顶盖、火盆和水景），基于与房子外面颜色的协调、易维护和耐久性等因素进行选择。
- 垂直硬质景观（抬高的种植槽、火盆和水景）
- 温室
- 镶边，用到的地方
- 遛狗区的栅栏和门
- 垃圾箱遮盖
- 嵌入式的盆栽展示

我一般先决定硬质景观材料，因为它是和房子有关的最大表面。我选择青石板作为所有水平表面的材料，除了温室区域、南北面的道路、前面的冥想空间使用了砾石。选择砾石作为不同的材料提供了微妙的找寻道路的线索，让访客留在通往前门的道路上。垂直表面选择了多种颜色的石材，混合了青石板和房子使用的暖色石材。将草和砾石保持在原地，镶边选择了经过粉末喷涂的钢片。

我决定使用回收材料建造温室，具体要看我能在救助中心（salvage center，一种慈善机构）找到什么材料。HVAC 周边和盆栽展示桌采用穿孔的粉末喷涂钢板做成装饰性箱体，穿孔是为了空调通风。这个箱体和对面就餐区的栅栏上计划布置的艺术品相协调。所有的栅栏、门和垃圾箱遮盖采用变化宽度的杉木板拼成简单、规则的水平图案。木栅栏和青石板铺装形成的韵律，结合垂直面石材的重复，将整个花园维系在一起。我将景观的语言和房子的语言联系起来。

水平硬质景观材料将采用青石板，除了我标记1/4—砾石的地方。

垂直硬质景观材料将采用多种颜色的石材，除了我标记木材的地方，不同区域可以有不同变化。这种石材和青石板以及房子的现有石材都很协调。

假想花园中的木栅栏、门、垃圾箱遮盖和架空棚架将采用杉木，和这个漂亮的街旁花园道路尽端的栅栏相似。Kristien Forness 的花园，Fusion 景观设计有限公司所有者。

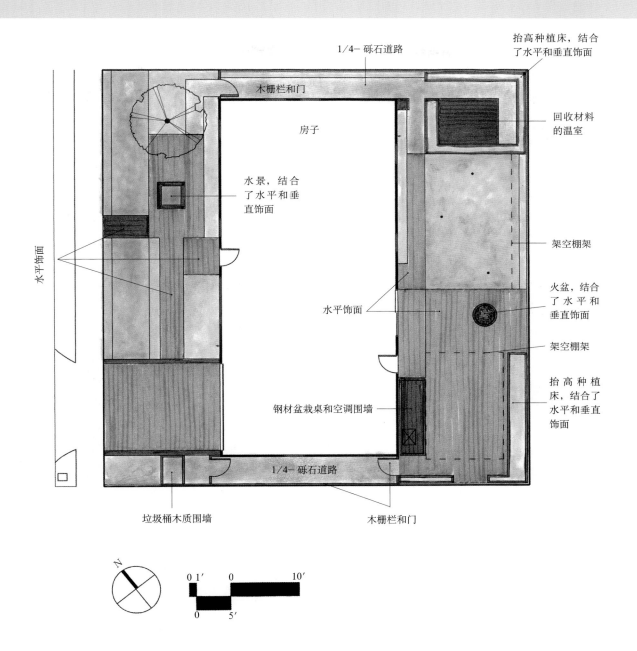

1/4- 砾石道路

抬高种植床，结合了水平和垂直饰面

木栅栏和门

回收材料的温室

房子

水景，结合了水平和垂直饰面

架空棚架

水平饰面

水平饰面

火盆，结合了水平和垂直饰面

架空棚架

钢材盆栽桌和空调围墙

抬高种植床，结合了水平和垂直饰面

1/4- 砾石道路

垃圾桶木质围墙

木栅栏和门

N

0 1′   0   10′

0   5′

硬质景观饰面平面图，定位出我为假想花园选择的饰面材料。

家具陈设

在假想花园的布局中，我需要选择以下家具：

- 餐桌餐椅
- 冥想长凳
- 休息椅和沙发
- 边桌

我还需要为软装选择织物。

我开始先寻找和农场风格的建筑与室内设计相协调的当代家具。我倾向于使用可持续性材料的制造商，而且制造和配送过程也尽可能具有可持续性。然而，不是总能找到符合设计的家具和织物，又同时满足以上标准。随着制造商在可持续性方面的提高，这也变得越来越容易。我想要一个简洁的桌子和几把舒适有趣的椅子。我需要至少一种风格的座位能惹人注目，可能本质上要具有雕塑感。我决定选择沙发作为这样的座位，因为它们能容纳要求的人数又能提供一个下午在花园打盹儿的地方。一个或两个边桌能放些茶点。

在概念方案中，我还布置了种植容器和艺术品。我需要一个种植容器、三件艺术品和一些平面嵌板装在娱乐空间的栅栏上。这些能将房子的风格（农庄风格）和室内设计的风格（当代折衷式，带有亚洲风味）协调一致。为表达概念我展示了一件雕塑，我会寻找适合场地的艺术品，或者想到些特别的材料请艺术家进行设计。

餐桌将是光滑的、当代的、简洁的，能衬托出餐椅、能经受气候条件、深暗浓厚的颜色。Kettal 摄影。

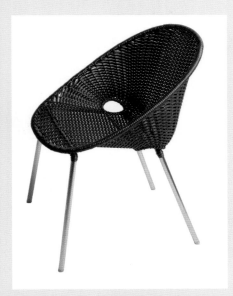

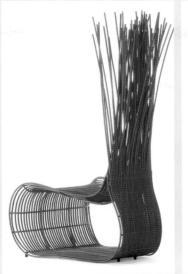

餐椅必须舒适、优雅、能抵御恶劣气候。Kenneth Cobonpue 摄影。

火盆处的休息椅将是视觉重点，就像是雕塑，同时也需要舒适和能抵御恶劣气候。Kenneth Cobonpue 摄影。

边桌必须能抵御恶劣气候，与休息座位相协调。Dedon 摄影。

我想让火盆处的休息沙发装上软垫、舒适、能抵御恶劣气候。Dedon 摄影。

软装织物需要能用于室外、不褪色、抗霉菌、不吸水、具有明亮愉快的颜色，不仅与家具、景观相协调，而且也与家的氛围相一致。感谢 Sina Pearson Textiles 提供以上织物，Sunbrella 是 Glen Raven Inc 的注册商标。

这个种植容器需要简单、硕大和抗冻，颜色是从坐垫的颜色中选取的。

这个位于厨房花园的概念化的艺术品设计需要和厨房花园这个位置有联系，同时也抗冻和颜色丰富。Margie Adams 雕塑设计。

我希望冥想长椅既舒适又结实，能坐两个人，像是前花园的一件雕塑作品，同时又能抵御恶劣的气候。Kenneth Cobonpue 摄影。

我希望平面嵌板的图案有趣，这样才能掩饰栅栏，它们的颜色要和其他家具陈设相融。Ketti Kupper 艺术设计，Ashley Elizabeth Ford 摄影。

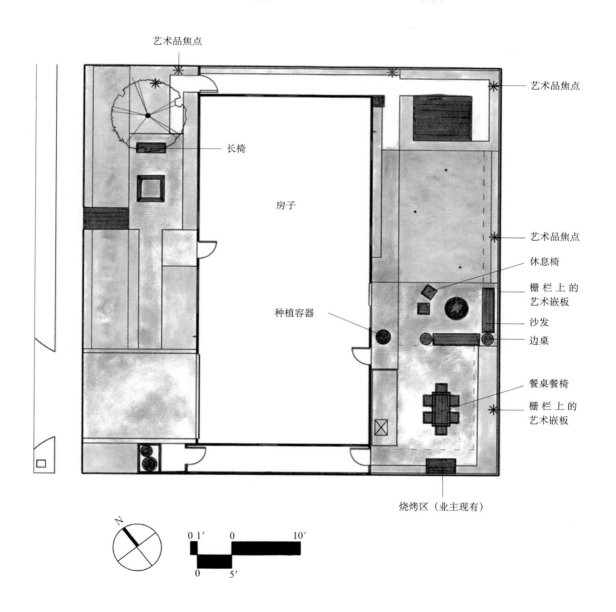

艺术品焦点

艺术品焦点

艺术品焦点

长椅

房子

艺术品焦点

休息椅

栅栏上的
艺术嵌板

沙发

边桌

种植容器

餐桌餐椅

栅栏上的
艺术嵌板

烧烤区（业主现有）

N

0 1′   0   10′

0   5′

家具、艺术品和陶罐标注在假想花园的家具陈设平面图上。

第 7 章
灌溉

保护水资源

好的设计不仅依赖植物，还取决于你让它们生长的计划。如果植物和气候等其他条件不相宜，灌溉就必不可少。随着气候、资源和经济因素的变化，水越来越珍贵，倾向选择最少灌溉需求的植物的人也越来越多。然而，即使花园大面积种植耐旱植物，通常也会在房子或者水龙头附近种植小面积的亲水植物。

有些人认为在选择植物之前考虑灌溉等同于本末倒置，但是我相信如果你在选择植物之前不考虑水资源，注定会犯以往的错误。现在需要考虑花园的预算能支付多少水的问题了，等你回顾这一章的时候，记住这一点，水费预算将帮助决定在花园中种植什么植物。如果你将水资源和植物选择一起考虑，你将拥有一个更加成功的花园并且减少了水的消耗。

减少水费的好方法之一是选择不需要夏季灌溉的植物。秋季种植通常让植物做好准备迎接接下来的夏季，因为它们能利用冬季的湿气稳固根系（这一点不一定适用于边缘耐寒植物，它们在春季利用温暖的土壤在冬季来临之前稳固根系）。

你将学习：

- 为你的花园选择最好的灌溉方法
- 为灌溉设计收集恰当的信息
- 决定灌溉预算

对页图 这些房子的业主清除了前花园的所有草坪，不顾邻居的想法，种上了各种耐旱植物。现在邻居开始询问他们的植物了，他们用很少的草坪却创造了更多的乐趣。Bonnie Bruce 和 Michael Peterson 的花园。

本地植物和耐旱植物在最初一两年需要水分，但是在接下来炎热的夏季只需要很少的水分。

灌溉花园的最佳方法

你需要决定哪种灌溉方案更适合你。你可能选择为整个花园安装灌溉系统；也可能分成几个区域分别使用洒水器和手工浇水；你可能决定滴灌系统更好，或者会选择适合架空洒水器的植物。

如果你没有太多时间手工浇水，或者没有钱安装灌溉系统，考虑种植不需要夏季浇水的植物（至少在头两年后）。如果有必要，前两年可以临时使用浸种软管（soaker hose）和计时器。

一个重要的问题是如何将水输送给植物。如果使用手工或者洒水器从上面浇水，很多植物会患上真菌病害，如黑斑、锈病或者是霉菌。

很多灌溉系统安装商喜欢安装使用弹出式洒水头的系统，将水抛洒到植物周围。这种系统可

这个弹出式洒水头放置在一个不引人注意的地方。

延长喷头通常要靠近边界的前方以合理喷水，这样使它们比浸种软管显眼的多。

能适合草坪，但是不一定适合灌木或者多年生植物。植物长高后可能遮挡洒水头淋水到其他植物。较新的匍地浸种软管系统（ground hugging soaker system）将水送至每一棵植物，减少蒸发造成的损失。节水意味着省钱。滴灌系统最不容易引起侵蚀，这种灌溉系统可以允许在新的品种上市或者需要更换长势不好的植物时方便地更换植物。

说到钱，比较一下灌溉系统花的钱和新的植物缺水死亡损失的钱。也许自动喷灌系统不便宜，但是安装一个是植物成活的最好保证。实际上，如果承包商提供你植物，可能他们不会不使用自动喷灌系统保证植物的成活。使用自动喷灌系统的一个好的理由是它使用了控制器来调节水量。我们经常看到人们使用灌溉系统浇太多的水，虽是好意却淹死了植物。

灌溉系统专家将灌溉系统设计成不同分区。分区为给定区域提供最少量的水，有利于保持系

位于 Bellevue 植物园西北地区多年生植物群落的灌溉系统边缘在冬天暴露了出来，系统是编组布局的浸种软管，大约间隔 18 英寸，目的是给每一株植物输送水的同时又能方便地更换植物。边缘位于土坡上，这意味着排水性较好，但是容易被侵蚀，浸种软管系统能降低侵蚀。

统充足的水压。控制器决定了系统分区的数量，花园越大，越需要分区更多。控制器还能调节浇水的频率和时间——一般是清晨。小心那些给每一株植物等量水量的系统安装人员，植物的需水量是不同的。

选择植物和考虑灌溉应同时进行，将需水量相近的植物种植在同一区域，这样不用每一株植物都设置不同的灌溉方案。尽管有些滴灌系统能够调节每一株植物附近的出水口，但你要认识到随着植物的生长，要检查每一个出水口是否工作正常几乎不可能。通常的情况是你看到植物快死了才能发现出水口的水量不够。

如果你决定在花园中种植一半耐旱植物和一半需要灌溉的植物，将耐旱植物的灌溉系统设计成相对独立的部分，这样在植物成活和长得足够大能抵抗旱季以后，能将这部分系统关掉。但最好保留灌溉系统在原地，这样当热浪来袭，植物不堪忍受的时候还能给它们浇水。你也能将这片区域设计成独立的灌溉系统，使用连接水龙头的浸种软管和计时器。

灌溉设计需要的信息

自动喷灌系统的布局很重要，因为主要的设备需要放在特定的区域。首先，阀门和防回流阀要靠近水表。水管将水输送到不同分区，还需要附加的阀门和阀箱，这取决于灌溉面积的大小。但是不论阀门和阀箱数量多少，它们都需要占据一定空间，包括周边的操作空间。如果你预先考

虑到这些，就能避免阀箱和水管穿过你计划放置引人注目的艺术品的空间节点。

弄清楚你是否可以利用水井、地下蓄水池，或者是必须使用城市水源。一旦确定了水源，记录下位置。如果使用井水，在让水流进花园之前——特别是食用植物种植区，需要检测水质。井水用在室内，倒是没什么问题。如果你使用城市水源，预算可能决定了用水量。如果可以收集雨水，把用水量控制在雨水收集量之内，或者规划额外的灌溉系统补充用水量。

水压也决定了灌溉系统的设计。通常灌溉系统安装人员会采用最少60psi（磅／平方英寸）的水压力，以保证每个洒水头或者滴灌线都有稳定的水量。

当地政府部门——你所在的县或者市——负责规范管理灌溉系统。灌溉系统要求安装防回流阀，这个装置防止废水回流到你房子的供水系统。按照法规它需要周期性（一般是每年）的检查，规范规定你每年需要签署一份合格证，并支付费用给检查部门和当地政府。

灌溉预算

灌溉系统的质量参差不齐，那些难更换的东西不要舍不得花钱，例如埋在地下的管道和设备。在能力范围内为分区购买最多的控制器，以便于你后期调整和增加分区。挖渠越少，节省越多。系统越复杂，成本越高。如果支付不了自动喷灌系统，就要改变系统设计，或者将自动和手动相

结合。另外，也可以使用水管和洒水头——用上计时器以避免浇水过量。

给方案加上灌溉系统

给你的方案加上灌溉设计，首先从确定水从哪里接入基地（通常在水表处，如果你有的话）和在哪里放置控制器开始。如果有抬高的种植床，最好独立灌溉；草坪的灌溉也要和边缘区域分开；如果你知道两年后要关掉某一区域的灌溉系统，或者只是偶尔灌溉，也要将这一区域设计成独立分区。使用相同灌溉系统的区域，如果面积不是很大，可以在同一灌溉分区。如果是一个面积很大的区域，可能要分成几个灌溉分区，超过了一定距离因为管道摩擦力的原因，水压会降低。

除了控制器的位置，重要的是确定你要的灌溉系统的类别和分区的数量，这会使得安装人员更容易满足你的要求。尽量减少种植区边缘的洒水头，植物长高后会遮住洒水头，导致缺水死亡。相比之下，浸种软管系统效果更好，因为它埋在护根下靠近土壤的地方。

一位安装人员在洒水头周围填充土壤，保证安装稳固、结实。

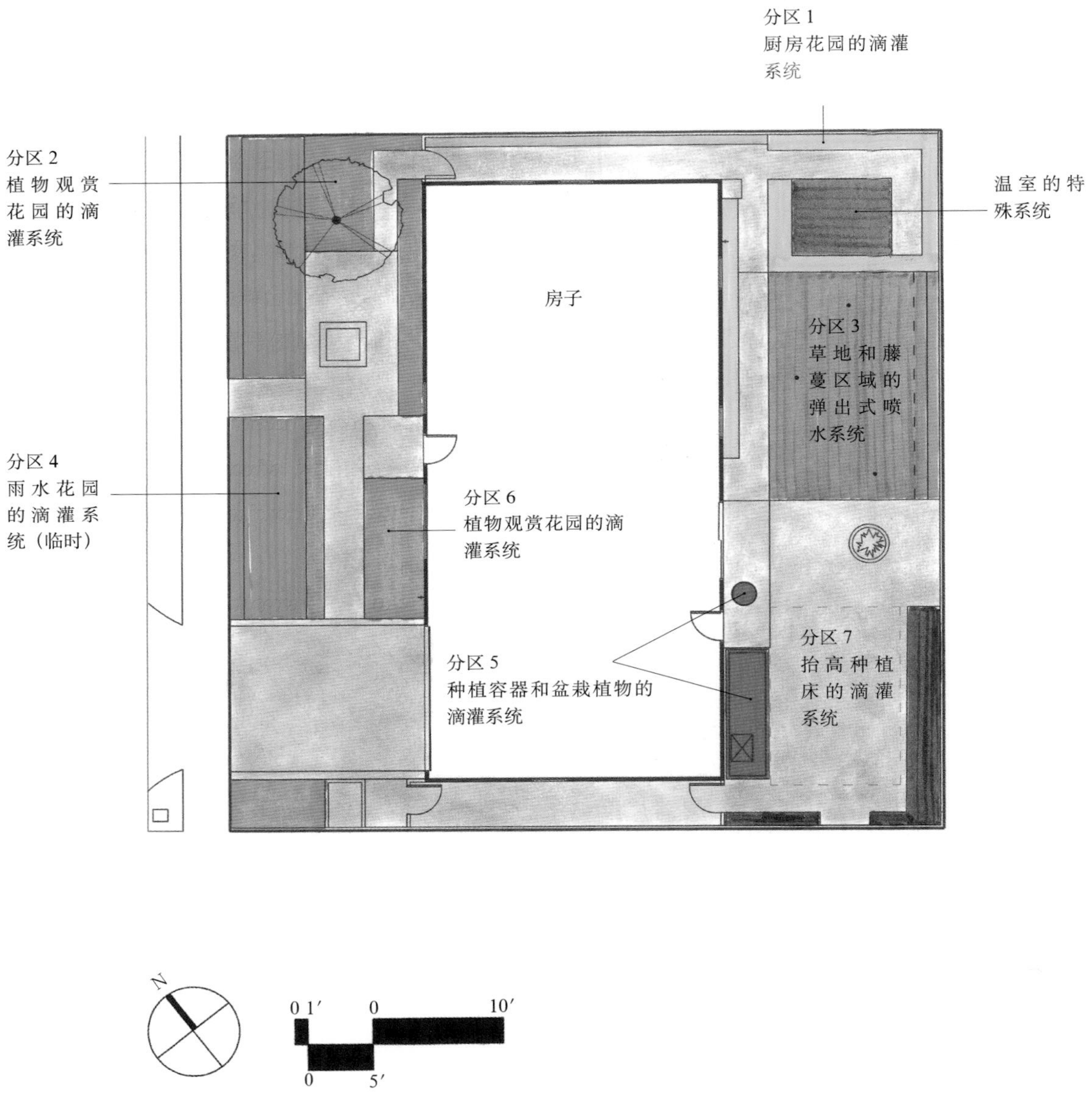

分区 1
厨房花园的滴灌
系统

分区 2
植物观赏
花园的滴
灌系统

温室的特
殊系统

房子

分区 3
草地和藤
蔓区域的
弹出式喷
水系统

分区 4
雨水花园
的滴灌系
统（临时）

分区 6
植物观赏花园的滴
灌系统

分区 5
种植容器和盆栽植物的
滴灌系统

分区 7
抬高种植
床的滴灌
系统

N

0 1′   0   10′

0   5′

假想花园平面图上的灌溉设计构思

灌溉系统设计构思

　　对假想花园而言，尽量减少用水量很重要。我决定使用软管灌溉系统，出水靠近土壤和落叶。理想情况下，我会将控制器放在光线好、干燥的地方，例如车库。这样便于我调整控制器的时候能看得清楚，而且可以在遮挡下进行，如果在晚上或者暴雨天需要关掉它，会很方便操作。

　　我确认可以在冬天来临之前方便地操控系统的开关。在冰冻气候到来之前要将水排出系统，以免管道迸裂。最后一点，我决定增加一个控制器分区以应对将来的改变。花园的变化会改变灌溉系统的类型或者导致重新分区。

第 8 章
植物：结构的视角

结构性种植的重要作用

既然你对硬质景观布局已经有了初步的想法，那么接下来你需要思考到底什么能够使你的室外环境变成一座花园？答案是植物。植物在与建成环境的交互影响中扮演着至关重要的角色。它们的重要功能可能会令你想要改变硬质景观的布局。这也是设计被称为"一个过程"的原因之一。设计过程处于概念规划与最终方案之间，并且经常贯穿于施工环节。

你在概念规划中布置好种植池的位置，并设定好观察的主要视角与可能的聚焦点。从某一扇窗或门、在小径的终点，或者从露台的座椅上望去，这些视角能够引领你穿过花园或者到达大门处。你也许犹豫不决视觉焦点应该是一丛植物还是一件艺术品。现在我们就来讨论这个问题。

结构性种植能够激发一定的情感反馈，可以利用这一点使你的花园拥有某种氛围。当我想为一块区域增加一点幽默氛围时，我会考虑用巨杉。这种植物竖直却又迂回卷曲的形态与众不同，因而被赋予了别名"苏斯博士的植物"。

在植物的组合或花园的总体布局中，你也可以利用植物的形态来满足一些功能性需求。若想使种植池的布置能够成功，应花更多的时间在规划设计中考虑植物形态的运用，而不是随意布置与选择植物。

你将学习：
- 在设计方案中结构性种植的重要性
- 结构性种植的类型
- 如何在设计中应用结构性种植

对页图 两个北美香柏"绿宝石"的标本

主体植物，边缘植物及陪衬植物

"主体植物 (Thrillers)、边缘植物 (Sprillers) 及陪衬植物 (Fillers)"的概念并不算新颖，但它却是一种用来预想植物运用的极好的方法，它并不仅限于盆栽而扩展至通常意义上的花园。

这个惊人的盆栽展示了主体植物、边缘植物及陪衬植物的使用。包括罐子里很高的姜花属主要植物 (*Hedychium longicornutum*)，连同玻利维亚秋海棠 (*Begonia boliviensis*)、彩叶草"朱丽叶·奎特曼" (*Solenostemon scutellarioides 'Juliet Quartermain'*)、彩叶草 "弗兰克斯" (*S. scutellarioides 'Freckles'*)、彩叶草"新西兰蕨" (*S. scutellarioides 'Kiwi Fern'*)、火红萼距花 "小美人" (*Cuphea ignea 'Dynamite'*)、 紫竹梅 "紫色的心" (*Tradescantia pallida 'Purple Heart'*)、红桑 (*Acalypha wilkesiana*)、 避日花 "充满热情" (*Phygelius 'Passionate'*)、朱蕉 "红衣主教" (*Cordyline 'Cardinal'*) 以及装饰用紫甘蓝 (*purple ornamental cabbages*)。本图由 BruceBailey 设计与拍摄。

主体植物

那些拥有夺人眼球特征的植物，被称为主体植物。你能够在一丛植物中一眼就辨认出它们，可能是一些形态有趣的密植植物，色彩强烈的植物，或者是叶子粗大的植物。

举例来说，这些植物常被用作主体植物：

- 麻兰"新西兰麻"
- 齿叶橐吾"克劳福德"
- 掌叶大黄

齿叶橐吾"克劳福德"

麻兰"新西兰麻"

掌叶大黄

柔毛羽衣草

边缘植物

　　类似自然中漫延的河流、瀑布，或是涌流的植物。可以是地被灌木，多年生、一年生植物，或者藤本植物，常青与落叶植物都可以。它们的共性是对地面的覆盖能力以及蔓延到容器边界之外的特征。

　　下面是一些可以作为边缘植物使用的例子：

- 柔毛羽衣草
- 天竺葵
- 金色箱根草"光环"

金色箱根草"光环"

天竺葵

陪衬植物

　　陪衬植物轻薄松散，能够散布于主体植物与边缘植物之间，并将二者融合起来。由于在植物配置中这些植物用于填充缝隙和围绕在其他植物的周围，所以对它们形态的定义非常少。它们经常通过与一片叶子叶脉的颜色或另一植物的整片叶子颜色相协调的花色来统一色彩。或者说，它们能够为展示其他植物的花和叶提供背景。

　　能够成为陪衬植物的包括以下几种：

- 红盖鳞毛蕨
- 荷包牡丹"黄金之心"
- 弗吉尼亚蓼"调色板"

荷包牡丹"黄金之心"

红盖鳞毛蕨

弗吉尼亚蓼"调色板"

花卉结构

在 Piet Oudolf 的著作《植物设计》中，他将花卉结构定义为一种能够把多年生开花植物整合起来的方法。在他最棒的大型花卉配置组合中，塔形、纽扣或者球形、羽状、伞形的花卉以及雏菊都被用作视线焦点。他也经常用禾本植物作为绿帘。而常绿、落叶乔木以及灌木构成的结构能够为那些只能短暂留存的缤纷色彩、花形以及种植形态提供一个背景和框架。

如果你打算使用花卉结构，要记住这个结构通常仅能保持大约 2 ～ 4 个星期。除非你按照这个周期准备一系列的花卉结构，或者更换一个更加持久的背景，即使是在缺少开花植物的时候，这个背景也能够保持整体结构的完整，否则一年中剩下的 48 ～ 50 个星期将会结构缺失。

北美草本威灵仙的尖顶在紫叶黄栌的背景下成为显眼的结构。作者的花园。

植物标点符号

在我所参加过的丹尼尔·欣克利（Daniel Hinkley）——这位超凡的园艺师数不尽的演讲中，有一场令我印象深刻。在这场演讲中，他提出垂直的柱状植物能够充当花园中的"惊叹号"。这一说法让我不禁猜想，是否植物还能够演绎其他不同的标点符号。

登载在洛杉矶时报上的一篇文章中，记者艾米莉·格林（Emily Green，2008）引用洛杉矶景观设计师米亚·莱勒（Mia Lehrer）的话，"用以缓和壮观的豪宅或者营造欢迎氛围的入口的植物布置与规整环绕的灌木丛之间存在着巨大的差别"。格林小姐对此评论道，"简而言之，前者是标点符号，而后者则起围挡的作用。"当评论到关于房屋主人用植物来围绕房屋的传统方法时，格林小姐强调了植物作为住宅的标点符号的概念。

标点符号有助于组织并且丰富句子与段落的结构，那么类似标点符号的植物是否能够在花园中起到整合其他植物的作用呢？最理想的情况是，这些结构性的植物能够存活一整年，因为它们能够帮助组织其他植物。它们中的许多是常绿植物，或者是具有美好形态的落叶植物。下面是一些关于在花园语句中起不同标点符号作用的植物简介。

句号

句号表示一个完整语句的结束。那些能够定义某个组合结束的植物，具有较小、球形或是丘状形态。有时，句号也可以表示延续的感觉，类似标点符号中的……是花园中引导和转换的隐喻。

以下植物能够恰到好处地起到句号的作用，因为它们不需要太多修剪就可以保持密实的球形：

- 锦熟黄杨"半灌木"*Buxus sempervirens* '*Suffruticosa*'（*dwarf boxwood*）
- 杜鹃 *Rhododendron* '*Ramapo*'
- 细叶海桐花 *Pittosporum tenuifolium* '*Golf Ball*'
- 紫叶小檗 *Berberis thunbergiif, atropur-purea* '*Bagatelle*'

锦熟黄杨"半灌木"*Buxus sempervirens* '*Suffruticosa*' (*dwarf boxwood*)

杜鹃 *Rhododendron* ‘*Ramapo*’

紫叶小檗 *Berberis thunbergii* f. *atropurpurea* ‘*Bagatelle*’

细叶海桐花 *Pittosporum tenuifolium* ‘*Golf Ball*’

逗号

逗号比句号的功能更加复杂。在写作中，人们用逗号分割语句，插入独立分句，表示停顿等等。起逗号作用的植物应当是能与其他植物相得益彰，同时又外观独特容易分辨。在一丛植物中，它们帮助保持一个区域的视觉整体性，但并不像惊叹号植物那样处于主导地位。它们也许会在叶形或色彩上比句号植物更加醒目。在一处植物组合中，逗号植物需要与被它们分隔开的那些植物相关联。例如在一片色彩鲜艳的矾根属植物（珊瑚钟）[heucheras (coral bells)] 中加入橄榄绿色的矾根（heuchera）或者黑麦冬草[Ophiopogon planiscapus ‘Nigrescens’ (black mondo grass)]。橄榄绿色的矾根（heuchera）与麦冬（ophiopogon）成为连接下一个区域的线索，这个组合中还可以加入心叶牛舌草（Brunnera macrophylla ‘Jack Frost’）以及日本蹄盖蕨[Thyrium niponicum var. pictum (painted lady fern)]。

这些植物像逗号一样，以强有力的结构将那些小型植物组织在一起。

- 黑沿阶草 *Ophiopogon phaniscapus* 'Nigrescens'
- 圣诞蔷薇 *Helleborus xhybridus*
- 心叶牛舌草 *Brunnera macrophylla* 'Emerald Mist'
- 蹄盖蕨 *Athyrium filix-femina* 'Lady in Lace'

黑沿阶草 *Ophiopogon phaniscapus* 'Nigrescens'

圣诞蔷薇 *Helleborus xhybridus*

心叶牛舌草 *Brunnera macrophylla* 'Emerald Mist'

蹄盖蕨 *Athyrium filix-femina* 'Lady in Lace'

台湾扁柏 *Chamaecyparis obtuse* '*Elwoodii*'

惊叹号

　　惊叹号用于加强句子的语气。作家们使用惊叹号时都比较保守。如之前提到过的，花园中的惊叹号多为那些形态密集的柱状植物。

　　当你需要惊叹号时，可以尝试以下植物：

- 台湾扁柏 *Chamaecyparis obtuse* '*Elwoodii*'
- 齿叶冬青 *Ilex crenata* '*Sky Pencil*'
- 大叶黄杨 *Euonymus japonicas* '*Green Spire*'
- 欧洲刺柏 *Juniperus communis* '*Gold Cone*'

齿叶冬青 *Ilex crenata* '*Sky Pencil*'

大叶黄杨 *Euonymus japonicas* '*Green Spire*'

欧洲刺柏 *Juniperus communis* 'Gold Cone'

欧榛 *Corylus avellana* 'Contorta'

问号

　　问号表示一个问题的结束。那些形态"滑稽古怪"的植物通常令我们感觉惊奇、激发我们的好奇心，或者给我们留下悬念。苏斯博士植物(Dr. Seuss plant) 和那些垂枝、扭曲、有趣或外观不寻常的植物就属于这一类别。我最喜欢的其中之一是欧洲榛 (*Corylus avellana* 'Contorta')，它的别称哈利－劳德尔的拐杖和弯曲的榛树更广为人知。如果这类植物的形态较其他植物更加出众，则也可以作为花园的视觉焦点。正如我的一位老朋友所说："这样的视觉焦点才不会无趣。"

　　这些植物可以用作问号：

- 欧榛 *Corylus avellana* 'Contorta'
- 高精细扁柏树 *Chamaecyparis lawsoniana* 'Wissel Saguaro'

高精细扁柏树 *Chamaecyparis lawsoniana* 'Wissel Saguaro'

日本扁柏 *Chamaecyparis obtusa* 'Torulosa'

刺槐 *Robinia pseudoacacia* 'Lace Lady' (*Twisty Baby black locust*)

- 日本扁柏 *Chamaecyparis obtusa* 'Torulosa'
- 刺槐 *Robinia pseudoacacia* 'Lace Lady' (*Twisty Baby black locust*)

分号

分号将两个独立分句或者一系列想法衔接起来。充当分号的植物与逗号植物有些相似，而它们的不同之处则在于充当分号的植物能够将花园中两处相邻的区域连接在一起。

这里是一些用作分号的植物，它们可以将不同区域中的植物编织在一起。

- 八角金盘 *Fatsia japonica*
- 科西嘉圣诞玫瑰 *Helleborus argutifolius*
- 间型十大功劳"冬阳" *Mahonia x media* 'Winter Sun'
- 玫瑰 *Rosa* 'Radtko'

八角金盘 *Fatsia japonica*

科西嘉圣诞玫瑰 *Helleborus argutifolius*

间型十大功劳"冬阳"*Mahonia x media 'Winter Sun'*

玫瑰 *Rosa 'Radtko'*

冒号

冒号表示句子中引言的结束或者表示划分数字等特殊用途。当植物用作冒号时，则起到从花坛或花园的一部分过渡到另一部分的作用。它可能是杂色植物，使两个花坛的色彩得到过渡。柊树（*Osmanthus heterophytlus* 'Goshiki'）就能恰如其分地起到这个作用。它是常绿植物，叶片具有活跃的色彩。作为中型灌木，它成为舞台的中心无可厚非。

下列植物可作为冒号使用：

- 柊树 *Osmanthus heterophyllus* 'Goshiki'
- 洒金桃叶珊瑚 *Aucuba japonica* 'Picturata'
- 小叶黄杨 *Buxus microphylla var. japonica* 'Variegata'
- 彩叶杞柳 *Salix integra* 'Hakuro Nishiki'

洒金桃叶珊瑚 *Aucuba japonica* 'Picturata'

柊树 *Osmanthus heterophyllus* 'Goshiki'

小叶黄杨 *Buxus microphylla var. japonica* 'Variegata'

彩叶杞柳 *Salix integra* ʻHakuro Nishikiʼ

括号

　　括号用于将句子中某一段文本与句子其他部分区分出来。道路或入口两边对称的植物也起相同的作用。正如在句子中，括号植物的特殊作用就是将一个区域与其他区域分隔开。花园的括号可以是任何能够在其他植物中凸显自己形态的植物——即使是在惊叹号植物中。如同左右括号形状不同，这种植物标点符号也不必形态完全相同。

　　能够充当括号的植物举例如下：

- 北美香柏 *Thuja occidentalis* ʻEmeraldʼ
- 黄金柏 *Cupressus macrocarpa* ʻWilma Goldcrestʼ
- 山茱萸 *Cornus sanguinea* ʻCompressaʼ
- 北美香柏 *Thuja occidentalis* ʻRheingoldʼ

黄金柏 *Cupressus macrocarpa* ʻWilma Goldcrestʼ

山茱萸 *Cornus sanguinea 'Compressa'*

北美香柏 *Thuja occidentalis 'Rheingold'*

配角演员

　　布置花园中的硬质景观，其实就是在安排植物的舞台。结构性种植与植物标点符号为其余的植物布置提供了基础。对于花园中一些植物的作用而言，也许没有比配角更贴切的比喻了。配角植物是指任何不带有植物标点符号色彩的植物。一年生、多年生、草本与那些识别不出的灌木都能够很好地填充空间和覆盖土壤，它们能有效地控制杂草，扮演着句中的形容词和副词。它们也可能是衬托主体植物的边缘植物或陪衬植物。

　　如同在"设计基础"一章中，你也许不希望整个花园里的植物都拥有同样的形态或者同一种叶形。牢记植物色彩、肌理、种类混合搭配的需求，并且也要遵循其他基础设计原则。了解不同种类植物与叶片形态是非常重要的，以后当你搭配它们时，你就会明白诸如小草般叶片细小的细叶植物可以完美地衬托那些叶子宽大、形态大胆的植物。

植物形状

　　在本行业中，园艺师、苗木零售商、景观设计师与景观建筑师对植物形态的描述方式各有不同。如果你知道它们统一的名称，那么你就可以在苗圃或产品目录中轻松地找到你想要的植物。下面是一些常用的描述方式：

- **柱状**：像一个柱子，竖直并且狭窄
- **瓶状**：像一个花瓶，底部狭窄，竖直，顶部变宽

- **拱形**：像一连串弧线一样生长，通常从中心点向外扩

- **锥状**：像是金字塔，顶端狭窄，底部较宽

- **丘状**：宽度大于高度，外形呈圈状

- **蔓延状**：紧贴地表，或者高度极低

- **垂枝状**：竖直，并向下垂落——通常会碰到地面，比拱形更加明显

- **竖直状**：通常高度大于宽度，枝杈明显地向上延伸

- **宽阔状**：通常宽度大于高度，外形不限于圆状

叶形

　　叶子的形状千差万别。正如植物拥有植物学名与常用名，叶片的描述也有科学与通俗之分。科学语言追求能够尽可能详细地描述叶子的形状。例如，狭窄的叶子，在植物学中可以被描述为剑形，镰状，线形，舌形，锥形，或者针状。从设计的角度考虑，在以下关于叶子形状的术语中，我使用的是通俗的描述方法：

- **窄叶或阔叶**：宽与窄是相对的术语。将叶片的宽度与长度作比较，如果叶子的长度大约是宽度的五倍，就可以称其为窄叶。如果宽度与长度基本相等，则为阔叶。

- **草形**：草形的叶子形态非常狭长，并且能够保持竖立或者轻柔的拱形。柳枝稷 [Switch grass（*Panicum*）] 与细叶芒 [*maiden grass*（*Miscanthus*）] 就是很好的例子。

- **浅裂叶**：浅裂叶比它们形态简单的近亲植物复杂很多，拥有更多的端点。枫树或橡树叶子是很好的例子，不过也有像大黄那样招摇的叶形。叶片肌理多样化。

- **多裂叶**：多裂叶比浅裂叶的裂度更深，并且通常裂片更加狭窄。鸡爪枫（日本枫树）是一个非常好的例子。叶片肌理主要从细密到中等。

这一植物组合中可见几种植物的形状：竖直状、垂枝状，宽阔状以及丘状。

- 复草形叶：蕨类植物的典型叶形。它们从根部舒展开来的形状令春天里的"蕨菜"格外显眼。一部分是带状叶形，哈特的舌羊齿（铁角蕨荷叶蕨）［Hart's tongue fern (*Asplenium scolopendrium*)］其他则是很深的多裂叶［例如小苎麻赤蛱蝶，日本蹄盖蕨 (*painted lady fern, Athyrium niponicum var. pictum*)］。通常叶片肌理细密，尽管一些蕨类的叶子稍显粗大。剑蕨是花园中结构粗大的蕨类范例。
- 鳞状：鳞状叶多见于松柏类植物，具有代表性的是杜松、丝柏或侧柏的叶子。叶片肌理细密。
- 针状：针状叶多见于松柏类植物，松木、冷杉、云杉是最好的例子。

- 尖刺状：尖刺状叶子的植物种类有很多。其中一些的刺非常尖锐，如丝兰。同样的尖刺状叶也有边缘有齿的，如凤梨科或龙舌兰。另一些的刺则是从叶子的顶端或者底端戳出的，如仙人掌。
- 带状：与草状叶类似。带状叶长度大于宽度，然而二者比率较小。萱草属植物与剑叶兰的叶子是较好的例子。

造型修剪

在结构性种植的讨论中，造型修剪亦是重要的部分。它是一种通过修剪使植物具有装饰造型的方法。对象大部分为紧凑而密集的常绿小叶植物。这种类型的植物效果很好，因为被修剪的部

这处植物组合中有几种叶子形状：针状、浅裂叶和窄叶。

用小叶黄杨修剪成的奇特的小鸟在狼尾草间嬉戏。笔者的花园。

分不容易被看到。几乎所有形状的植物都可以通过修剪成为视觉焦点。它们的造型越天马行空，就越能够引人注目。造型修剪被称为活的雕塑，并且需要专业维护来保持形态。仅仅一个优美的造型修剪，就能够成为花园中的主要焦点。

位于南卡罗来纳州比夏普维尔，Pearl Fryar 的花园因其植物的造型修剪不拘泥于常态、独具特色吸引了大批观赏者，成为当地的观光胜地。他园中那些令人难以置信的植物造型修剪能够让博览会的狂欢节都黯然失色。它拥有极富想象力的魔法奇幻世界一般的花园风格。

大迪克斯特豪宅的花园，是由著名园艺师 Christopher Lloyd 创作的。将紫杉修剪成十八只鸟突出了孔雀造型园的主题。紫杉有很多种类，而且非常适于造型修剪。

在我自己的花园里，我将忍冬属金叶亮绿忍冬（*Lonicera nitida 'Baggesen's Gold'*）修剪为一只孔雀用以遮挡我家的热力泵。为了使画面更加完整，我用钢条与玻璃片为它设计了尾巴和头，并请当地的艺术家来制作完成。造型修剪为花园中的其他植物带来了奇妙感、视觉焦点以及结构框架。

种植布置

虽然我并没有打算将这本书作为设计植物组合的参考书，不过一个关于如何组合植物的小例子也许会有帮助。很多时候，我看到一些三色堇一字排开，仿佛是行进中的检阅队列。但植物并不是士兵。唯一使线形种植有意义的情况则是你需要看到一条线（如在驾驶中穿过的林荫小道），在菜园中，或者在某种描述过的模式中。

此外，我也看到一些植物被布置的太过分离。古语道，自然憎恶真空。除非你设计的是一片沙漠，把植物远距离布置以求得它们能够顺利成熟并且覆盖裸地。如果在植物成熟后仍留有裸露的土地，那么就意味着大自然将会播撒她自己的种子。更多时候，它们与你所种植的植物并不会和谐相处。园艺师们称其为野草，不过当野草与我布置的植物和谐相处时，我愿意称它们为意外收获。

我更倾向于在拉长的三角形地块里搭配植物，因为这种形状使不同的植物更容易交织在一起。单数是种植多株植物时的经验法则。然而，我发现一旦超过五株植物，这个法则就没什么意义了。在种植区域栽种适量的植物。如果有人给我两株植物，或者我的三株植物中有一株死掉时，我有以下三个选择：

- 寻找第三株植物
- 将这两株植物当作引号使用
- 把它们完全分开种植在花园中的不同区域

设计假想花园

种植平面

在种植平面中，我检查了在哪些情况下植物作为视觉焦点比放置艺术品更加合理。一种情况是当植物种植在花盆中时效果更好。我也检查了作为标点符号使用的植物组合。我将三株大型逗号植物布置在靠前的位置，用以将配角植物连接在一起。两株遮阴树作为从窗口望去的视觉焦点。两株柱状观赏草围在桥头的两侧。小径的终点布置了一些植物或者艺术品以吸引人们穿过小径来到终点。在两条小径的交汇处，一个视觉焦点是一件艺术品，而另一个则是与这件艺术品相辅相成的惊叹号植物。这一处的惊叹号植物复现在前庭花园，同时起到了括号的作用。

后花园已经放置好了盆栽架子并以众多植物为特色。栅栏上也布置了艺术展板，还有一个火盆。为了使艺术展板和火盆成为这里的特色点，此处不宜再布置其他艺术品。因此，我增加了一些植物来软化硬质景观。在露台上放置种有植物的花盆，既可以软化硬质景观，又可以在门边创造一个从室内到后院的视觉焦点。在果岭区后面放置的艺术品是从餐厅窗户向外看的视觉焦点。我还使用一些接近于栅栏高度的植物作为遮挡，以降低它被高尔夫球击中的概率。花格架种上葡萄藤增强私密性，同时也为下面的艺术品创造了背景。

接近温室的区域，我布置了括号植物围合果岭的终点。草药园后面沿着东边的栅栏，我复现了惊叹号植物，为植物的重复做铺垫，强调艺术展板，使栅栏更加柔和。同时这些植物也适合狭窄的空间，较高的高度增强了这个区域的私密性。在草药园的南边，我布置了三株句号植物用以对走到这处门边的人们宣布：请做好准备欣赏花园的其他部分。栅栏的另一边是邻居家的常绿绿篱，所以我无需再费心营造私密空间，因此这边的植物都偏矮。

尽管果岭不是具有"结构性"的植物，我也考虑使用仔细修剪的本地草坪，防止杂草蔓延并且不需要使用化肥。我还会考虑使用人造草坪，它使用后可以被回收利用，是不错的低养护成本的选择。

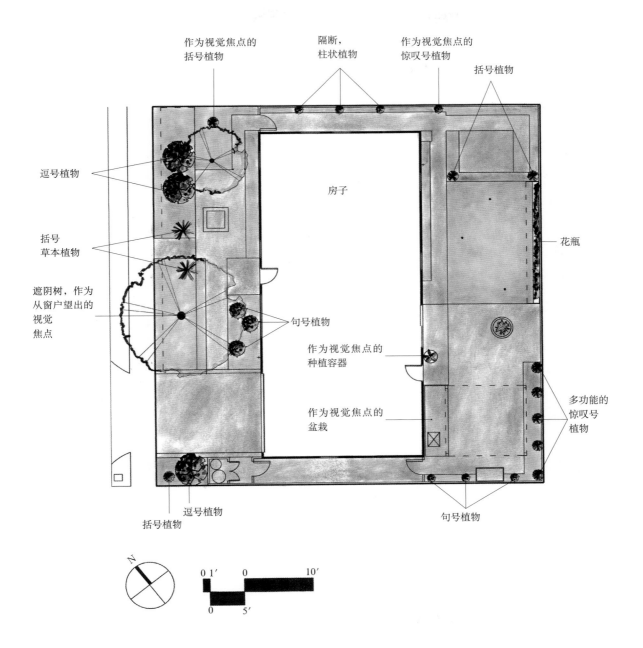

作为视觉焦点的
括号植物

隔断，
柱状植物

作为视觉焦点的
惊叹号植物

括号植物

逗号植物

房子

括号
草本植物

花瓶

遮阴树，作为
从窗户望出的
视觉
焦点

句号植物

作为视觉焦点的
种植容器

作为视觉焦点的
盆栽

多功能的
惊叹号
植物

逗号植物

括号植物

句号植物

N

0 1′   0   10′

0   5′

种植平面显示出假想花园中的结构性植物的布置

第 9 章
花园照明

使用景观照明的原因

有许多原因使你在花园中采用照明。照明可使我们在黑暗中辨明自己的脚步，它允许我们看到入侵者，同时让我们的朋友看到我们。它可以使花园在夜间闪耀，呈现出与白天完全不同的审美趣味，它让我们在花园中停留的时间更长。

安全

夜间照明确保我们能够看清行走的道路：例如走在一条蜿蜒的道路上，走下一段阶梯，从停车场走到前门。看清道路能使我们避免身体受伤。应考虑提供两个级别的照明——一种稍暗，为正常使用；另一种较明亮，为年长的访客或者变老的你自己所使用。

防护

关于照亮住宅周边的花园是否能提升住宅的安全性仍存在一些争论。安全照明与具有审美意趣的花园照明有所不同，它通常包括移动探测器和夜间照明，或二者的结合。

大多数家庭在每一扇门附近都会安装室外照明，特别是安装在门口台阶处特别有用。毗邻门窗的照明可以让行人看到此处正在发生的事情，如果有行人经过的话。这可能会阻止一些犯罪，帮助你察觉潜在的入侵者。一些房屋在屋檐的底面使用照明，照亮墙壁。如果这有助于照亮种

你将学习：

- 使用景观照明的原因
- 不同类型和风格的室外照明设备
- 灯光布置的效果

对页图 一个可调节的低瓦数照明设备稍向上照射在墨西哥羽毛草 [Mexican feather grass (Nassellatenuissima)] 上，让草在夜晚呈现出令人激动的光芒。Maryellen Hockensmith 和 Michael McCulloch 的家。

有较高灌木的区域，就可能阻止入侵者藏在那里。如果你怀疑有入侵者，一个能马上照亮整个庭院的"应急开关"可能会有用。

功能

照明增加了你可以使用花园的时间，并允许你在晚间进行活动，如户外烹饪、谈话、弹奏乐器，或者进行户外游戏。大多数户外活动需要夜间照明（亲吻除外）。

选择照明设备

景观照明设备有太多制造厂商、风格和类型，它们价格或便宜或昂贵，只要你支付相应的费用，就能得到你想要的照明设备。了解每种设备类型的工作方式会帮助你思考在花园中使用它的多种方式。通常，你需要一个持有执照的电工安装部

安装在挡土墙上的灯在夜间照亮露台。由 McQuiggins 公司设计建造。

分或者整个照明系统，这取决于系统是使用线电压还是低电压。你可能还需要从当地的管理部门获得许可证，通常电工会帮你申请和办理。

线电压与低压电

电路系统对于景观照明非常重要，照明系统一般有两种用电的方式。商业用线电压可以是 120、208、220 或 480V。通常情况下，线电压是你住宅所使用的电压，部分更高的线电压则用作特殊用途，如烘干机和烤箱。正常住宅线电压为 120 或 220V。低压电路较少用于室内。变压器将 120V 转化为 12V，输出低压电。

户外线电压的优点（和缺点）是布线必须埋在冰冻线以下的管道中（冰冻线水平位置取决于你住在哪里）。当你把电线埋在一个保护管道中时，电线就不太可能会被铲子铲断或因为灌溉而短路。当然，你需要为场地的挖沟工作和破损维修支出费用。

低压电可以用手触摸，使它易于安装和移动。但不幸的是，由于低压电线不能用管道保护，因此当你或者你的维护服务人员在线路区域进行挖掘而没有注意到线路时，有将电线切断的风险。此外，低压电只有配备相应的变压器、电缆（或电线）和设备才能使用。如果你使用低压照明，请设计一整套良好的系统。

为照明系统选择合适的电缆的一个特别重要的原因就是电压降。电压降或"线路损耗"发生在电流从电源输送到用电设备时。错误的电缆类型、与设备数目不匹配的电缆比例或安装人员对

安培数的错误计算都会导致电压降。简单来说，如果有电压降，你的设备将不能正常使用，照明设备将会在它实际使用期限前损坏，设备可能失效。此外，线路损失可能发热，从而导致电气连接和配电系统老化。

特征、类型、美学

照明设备是灯罩、灯和控制开关的组合。有些设备，可能还有镇流器或驱动器。我们通常看到的是灯罩包含灯，除非灯也是可见的。灯罩可以是装饰性的也可以是朴素的。当照明设备在户外使用时，它必须是防水的，应该安装密封垫，防止水进入灯和电源插座。地下或水下设备尤其容易漏电。

正如你的花园风格应该与你的住宅风格相协调，花园中照明设备的风格也应该与你的住宅和花园风格相协调。这种可爱的花朵造型的照明设备就可以很好地与维多利亚式住宅相协调，而当它出现在一个现代风格住宅中时就会显得很荒诞。从美学上讲，照明设备应该具有自己的设计优点。如果它本身不美观，那么将它安装在你的住宅或者花园时，其外观就不会改善。如果你不擅长选择照明设备的设计，请一个你信任的人陪你或者雇一个专业人员来帮助你选择。一个好的经验法则是越简单越好。

照明系统要具有一定的可调节性。花园将会随着季节和植物的生长而改变。如果你想将照明设备隐藏在植物中，要考虑到植物会变化或死亡。

创意展示花园中露台上的漂亮灯笼成为夜晚引人注目的焦点，将人吸引到花园里。Shapiro Ryan 设计公司设计，西雅图。

黑暗的天空

一些组织呼吁通过宣扬黑暗的天空以减少夜间照明带来的影响。晚上过多的光照会扰乱人类和野生动物的生境，尤其是夜间的生态系统。一些作者讨论户外照明的低功率的设计和照明设备的用电量。另一些人声称，过度照明会危及人类的健康和安全。作家大卫·欧文（2007）认为过度照明的环境"逐渐剥夺了很多人类与夜空之间的直接联系。这种联系在人类历史上一直是反思、灵感、发现和令人惊叹的奇迹的强有力来源。"

在这些关注当中，有些重点关心过度照明会如何对天文科学产生负面影响，作为一个园艺者我首先关注夜间照明对于自然生境的影响。作为景观设计师，我可以通过更负责任的方式来设计户外照明，从而减少照明对自然生态系统的伤害。我可以尊重当地政府的规定，不让光泄露到公共领域或邻居地产。

你可以做两件事来减少花园中照明对黑暗天空的影响：减少功率和遮蔽射向空中的光线。这意味着大多数光线需要向下聚焦或光线向上投射时安装防护罩。而且灯光亮度适宜，这可以节省能源并减少预算。当你选择适当类型的设备和灯时应该考虑这些问题。

成本和价值

某些类型的照明初始成本相对便宜，但并不意味着较昂贵的照明设备就是不经济的。例如，LED 可能是现有类型中最贵的，但它用电量少、寿命长，你可能永远不需要替换它。基于设备和灯的寿命周期而不是它的初始成本进行比较选择具有更好的经济意识。从长远来看，为更好的设备支付额外费用与买劣质的设备而在其损坏时去更换它相比较，前者可能会节省你更多的钱。检查供应商提供的测试和保修条款。注意廉价照明设备中包含的电线，它可能不到 15 英尺或只能供少量灯具使用。

布线可以穿过塑料管道或者套管，埋设于混凝土墙下。

照明设备内的灯能让你得到想要的效果很重要。制造商不断推出新的灯。在你选择照明设备之前调查它的可能性。比较灯的初始价格、使用费用（功率）、产生的光线效果（颜色）、其波束扩散（在一个给定距离内传播的光）和它的预期寿命。有些照明设备有不止一种类型的灯，虽然你通常会需要为选定的灯匹配特定的照明设备。基于你的照明需求选择灯，然后选择照明设备，这样会得到你想要的照明效果。记住，一盏灯离它的照明目标越远，所能到达目标

的光越少，扩散的光越多。如果要将光限制在更紧密的空间或限制在其目标物上，使用窄光束传播的灯。

维护你的照明设备通常比较简单，只要清洁灯罩和在灯泡烧坏时进行更换。在你选择照明设备时要确定它是否容易更换灯泡。如果你需要打开螺栓，拧开螺丝，经过旋转才能接触到灯泡，这也可能令人沮丧。除此之外，还要考虑是否容易在本地商店买到灯泡，你可以在任何五金店买到灯泡还是你必须要去专卖店才能买到？

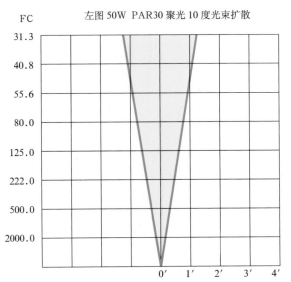

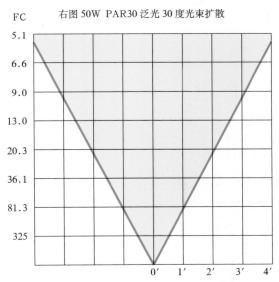

这个光束传播图（每个方格代表 1 平方英尺）显示了同一类灯基于其内部构造变化时光束如何传播。一个灯（50W PAR30 聚光）产生一个狭窄的光斑，另一个（50W PAR30 泛光）则是照亮大片面积。图表底部的数字表示每个光束可传播的距离（单位英尺）。图标左侧的数字代表光量（用英尺烛光来表达，衡量光量的一种方式）。注意，越接近光源，光束越窄，光量越多。

布置照明设备

你如何照亮花园和住宅外部空间对它们在夜间的美感有重要的影响。灯光的布置很重要，这使得灯光不会直接射向访客的眼睛，造成眩光。夜间眩光在周围黑暗环境的对比下会特别刺眼，它会使我们看不清前路。

谨慎地布置照明设备。例如，考虑照明的目的，比如你房屋的角落，是否是你真正想要人们晚上见到的地方？你所处的水平位置变化对于照明设备的布置非常关键。如果你是在一个较高的平面，你不想俯视时看到光源。如果你在上下楼梯，照明设备应放置在从任何方向都不会射向人的眼睛的位置。如果你在一个较低的平面，需要仰视，应保证不必遮住眼睛以免看到安装过高的照明设备内的灯。当你要照亮一棵特别的树时，

这个中国青铜钟的光源隐藏在钟罩里，光照使你看到钟雅致精美的细节和钟下淡蓝色的蓝羊茅。作者的花园。

考虑在你住宅的窗户附近使用下照灯而不是上照灯。没有人想望向窗外时看到刺眼的光。比起看到光源，看光的效果对于眼睛来说总是会更安全和舒适。

好的设计通常意味着不同类型的照明。例如，沿道路线性布置灯光会非常无趣。用这种方式布置灯光忽略了让花园在晚上活跃起来的设计机会。避免灯光无处不在的只适合小型飞机的机场跑道布局方式。

最好不要让灯光在各个区域均匀分布；实际上，灯光在不同区域不均匀分布会更有趣和动感。考虑你真正需要看到的最重要的地方和其次的地方。按优先顺序布置照明设备。这也是一个非常节能的方法。记住光线可以从一个区域照射到另一个区域。步道不需要跟阶梯一样多的照明，但是阶梯上更高的照明设备会照亮步道。

将这些记在心中，以下我将介绍在花园中布置照明设备的方法。

向上式照明

向上式照明虽然比较难布置，但它的效果非常好。照明设备放置在一棵树的底部，目的是让光线沿着树干照向树冠，产生极好的效果。照明设备安装的位置是至关重要的，要使经过该区域的人不会受到光的直射。向上照射的光也需要避免射向天空。重要的是要使照明设备瞄准特定目标，让它捕捉大部分甚至全部光线。

向下式照明

住宅屋檐或树枝上的向下式照明将在地上投射出一小片亮光。如果你在藤架顶上增加几盏灯，并将光源隐藏在藤架上的植物中，你将利用产生的光线创造一条魔幻的步道。一些制造商生产微小的照明设备，它们可以悬挂在小树枝上。

有顶的短柱灯将灯光向下投射到边界的角落，洒向步道。照明设备：FX 泛光灯。作者的花园。

另外，路灯或柱灯能产生向下的光线。通常，它们被用在道路旁边，使光照到人们行走的地方。

掠射光／渐层式照明

当你想强调材质肌理的精美（通常是墙的材质肌理），使用掠射光是一个技巧。将照明设备布置在非常接近表面的底部或顶部附近并使光射向表面，这将在每一个凸起处投射出阴影，使肌理更加明显。如果你从远处投射表面，它会显得平坦。

剪影效果

生成一个易于理解和有趣的剪影是非常好的。但如果对象过于复杂，产生的剪影可能会失去效果，而好的效果是你的主要目的。这种类型

的照明有强烈的表现效果，需要谨慎地将它使用在恰到好处的对象和地点。

阴影效果

如果使用得恰当，阴影可以有美得令人窒息的效果。树枝阴影会特别可爱，但要考虑艺术性或建筑特征。如果阴影能够轮廓分明而不是像变形虫一样难以名状的一团，它会更有趣。为在合适的地点得到正确的阴影效果，你需要一个可以调节的照明设备，并且进行试验。

闪烁式照明

夜间一些闪烁的灯光让人感到惊奇，无论你用蜡烛还是闪烁电灯（或者两者兼有）。不同形式和尺寸的灯笼也属于这种照明类型。他们可

一个可以调节的灯放置在石笼墙的底部以掠射光照亮石墙，可以从厨房窗户和露天平台上看到。Fran 和 Sharri LaPierre 的花园，VanessaGardner Nagel，APLD. Seasons Garden Design LLC 设计。

光纤灯带放置在用彩色碎玻璃装饰的小溪下，灯光时明时灭地闪烁，创造赏心悦目的效果。Shapiro Ryan 设计公司设计，西雅图。

以发光、闪烁或产生火花。用这种类型的灯光作为视觉焦点，因为点亮灯光就可以从很远处看到。

水下照明

水下照明让水在夜间具有极美的光晕，因此非常漂亮。但是，水下照明设备需要完全防水。另外，如果你将水下照明设备安装在鱼池中，要考虑水下电流可能会对鱼造成影响。

照明概念设计

当你开始照明规划，确定你想要在夜晚观赏的景色。那儿是否长着有美丽树皮的树？从你的餐厅窗户望向花园能看到惊艳的艺术品会有怎样的效果？是否有你经常使用的在夜间需要照明的步道？当然所有楼梯和台阶处都需要灯光照明。

思考你的每个主题需要多少照明，是用窄光束还是宽光束，灯光布置在哪里会得到最好的效

夜晚，一个双耳陶罐和装饰性树枝在墙上投射出一个醒目的剪影。照明设备紧挨着陶罐在其后面。

使用与前一张图相同的陶罐和树枝，将照明设备移到陶罐的左前方，产生了阴影效果。

果。记住所有不同的照明方式。此外，考虑是否需要透明或是磨砂透镜来散射光线。某些情况下这是很有用的，尤其在使用高光照射某物时为避免热点会很有帮助。在镜头中使用红色滤镜投射日本枫树的树皮是否效果会更好？用蓝色透镜是否能强调蓝色云杉呢？

当你做决策时，将以上考虑标注在你的平面图上，你的花园照明效果将远远优于随处可见的成排的路灯。

这棵成熟的鸡爪槭（*Acer palmatum 'Sango-kaku'*）的老树干上的珊瑚树皮缺失了很多。然而，晚上照明设备的红色滤镜强调了余留的树皮的效果。作者的花园。

设计假想花园

照明概念设计

假想花园的照明设计包括判断访客在夜晚会使用的道路，使访客容易看到前门并让灯光变得有趣而不是单调。在花园后部，我主要关注娱乐区域和花园艺术品。遛狗场和温室需要一些照明，尤其是在有霜和新的嫩苗生长的夜晚。

我会将灯光控制面板像灌溉系统控制器一样，布置在明亮、干燥的位置，这样可以方便检修和维护。与灌溉控制一样，灯光控制面板将控制所有照明区域。

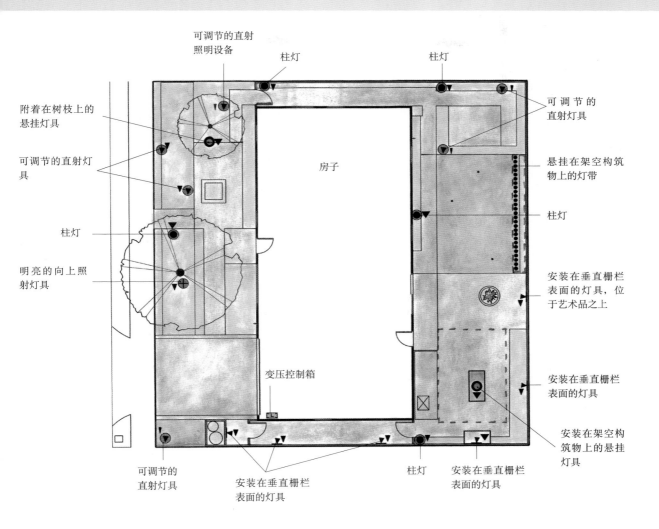

可调节的直射
照明设备

柱灯

柱灯

可调节的
直射灯具

附着在树枝上的
悬挂灯具

悬挂在架空构筑
物上的灯带

可调节的直射灯
具

柱灯

柱灯

房子

安装在垂直栅栏
表面的灯具，位
于艺术品之上

明亮的向上照
射灯具

变压控制箱

安装在垂直栅栏
表面的灯具

安装在架空构
筑物上的悬挂
灯具

可调节的
直射灯具

安装在垂直栅栏
表面的灯具

柱灯

安装在垂直栅栏
表面的灯具

光束图例

▮ 窄

▼ 中

▼ 宽

N

0 1′   0   10′

0   5′

照明概念在假想花园的灯光平面图表现出来

第 10 章
最终设计

最后检查

　　整合你的最终设计有点像早晨在穿上衣服之前先进行搭配，在最终决定穿哪件之前会评估所有的选择。你检查以确保袜子没有洞，衣物都是干净的，以及围巾（或领带）能与其他衣物相搭配。对花园设计进行最后检查就像是确保你不会一只脚穿黑色的鞋，一只脚穿棕色的鞋。你要找出我们在行业中说的"空隙和重叠"。设计经过复查之后，你将完成一个总体平面图和施工图用来招标和建造。

逐步复查

　　设计复查应该是一个系统的、循序渐进的过程，应确保涵盖各个方面。复查应该从设计过程的开始着手。当初与现在的区别使你已经对所有的决定有所了解。在实施这些决定之前最后复查一次是一个好主意，因为在纸上改动起来比较容易。如果你在施工开始后再进行更改，你的钱包会空不少，因为更改设计通常是昂贵的，会增加很多花费。现在复查得越彻底，你为更改设计方案买单的可能越少。如果你有一个突如其来的想法，要在最后时刻改变石头的种类，更改清单可能还会包括一个退货费。一旦供应商需要将已经离开仓库的产品收回就会收取退货费。退货费价格不一，可能是成本价格的百分比或一个固定费用。这里的建议是：避免昂贵的设计方案的变更。在设计方案还在纸上时就复查其中

你将学习：
- 如何复查和修订你的设计；
- 在你开始建造之前需要做些什么。

对页图　一个令人欣喜的庭院，它的饰面和家具陈设都是和谐的。Michael Schultz 和 Will Goodman 的花园。

的每个方面。

　　如果你很难理解纸上的设计，可以做一个简单的模型。裁剪模板表达主要特征，将它们置于场地中理解布局。它会不会太杂乱或是太繁琐？你需要更多的细节吗？是否有空隙或重叠？就像木匠测量两次再切割，复查可以防止问题变得棘手。另一种方法是对花园的每一个区域进行放样。我的许多客户选择这么做，觉得它非常有用。如果你决定不这样做，可以要求你的承包商去做，这样你就可以在施工开始之前复查和确定设计。

场地数据

　　复核场地数据的主要原因是在施工过程中，承包商经常发现原始测量数据的误差，或是一些被忽视的排水问题等，类似这样的情况非常多。花园改造与住宅改造类似，很多未知情况潜伏在你最不经意的地方。如果在记录场地数据时你知道市政设施的位置，马上确认它。为求稳妥，可以致电你的市政设施所属的公共事业公司，让他们确认市政设施的位置。

　　检查场地的文档资料，它们都合理吗？如果哪个部分看起来有点奇怪，那么现在就将它挑选出来。自你记录信息以来有没有什么发现？有没有哪里发生了改变？

　　我举一个例子来说明事物变化的速度之快。我和我的爱人在我们的地产后面曾经有过一个13 英亩的森林。每年春天的早晨，我打开门就会听到嘈杂的鸟鸣。在某个秋天，为了开发，森林被彻底砍掉，不剩一个树杈。第二年春天，叽叽喳喳的鸟叫声听不到了，只有偶尔的啾啾声。森林的砍伐不仅立刻改变了我们的日常经验，还改变了我们的日照情况，给我们带来了新的排水问题（Humus-laden 森林是大自然的海绵，吸纳大量的雨水）。在砍伐之后的秋天和第二年春天，我计划改变我的花园。我从树木成荫的花园中搬走了许多阴生植物，创建了一个阳光充足、耐旱的花园。根据区划，整个开发小区应该都是单层住宅。然而，令我们吃惊的是，我们县暗中授权开发商建造了一些两层住宅，他们在我们的住宅建筑红线 5 英尺外建了两栋高的住宅。现在，我们重新种树来恢复我们的隐私空间。在一大片新的没有海绵效应的屋顶和道路中，我们需要设计新的雨洪控制方式，以应对冬季排水问题。如

花园主人对设计方案进行放样来获取尺度感。

果你的行政管理部门告诉你关于雨水径流的研究"正在进行"，那么不要指望你的问题会被解决了。

如果自开始规划至今，唯一不得不面对的改变就是你希望能用到的一株现有植物死了，那你非常幸运，马上记录下来。如果你最初是在春天记录的信息，现在已经是盛夏，太阳运行的路线已经改变。在你的地产周围四处走走，看看你是否需要基于太阳现在的位置改变什么。如果你觉得可能需要改变设计，请记录下来。

如果你必须联系当地的行政管理部门，你是否记录了与他们联系的电话和会议的内容？给他们寄信或邮件确认你们双方所说的和达成共识的事项。如果之后一个监察员做出与你原本听到不相符的决定，它们就可以派上用场了。

花园的构成

如果你已经复查过花园中的所有构成要素，那么现在就到了作出决定的时候。要么对你原本的决定感到满意，要么现在就改变它。很多人对这个或那个问题犹豫不决，典型的问题包括以下几点：

草地和森林是大自然的海绵。MaryellenHocken Smith 和 Michael McCulloch, AIA. 的家。

- 我们是否该在花园中安装蹦床或者搭建儿童游戏房？
- 在孩子长大后我们如何利用这些空间？
- 水景会不会太大以至于我们的孩子会跳入或者掉进水中？
- 晚上我们应该照亮这棵树还是另一棵呢？

我建议大家问自己一个问题：我们购买花园是为了好好利用它，还是为了能长期从中获取乐趣，亦或为了打动我们的朋友？优柔寡断通常是因为不了解和不听取自己内心的需求。人们可能不知道他们是否需要使用某些东西，他们也可能不确定这些东西能使用多久。你是不是有什么事情一直摇摆不定？是不是你的道德心让你感到困扰，因为有些东西的使用不够环保或者不可持续？现在是时候听从你内心的声音了。

毗邻与交通

将花园的构成要素安排在合适的位置非常重要。一样事物与另外一些事物离得太近或是太远会不会让你感到麻烦？如果你有更好的想法，马上修改。花园中需要道路进行游览的地方是否都有道路？道路够宽么？如果你为了扩大其他东西的尺寸而牺牲道路的宽度，那么这个决定不会令你满意。现在就对这些进行再次复查。人生苦短，不要为你能改变的小事而不快。

最常见的就是，我告诉我的客户道路需要更宽，但是他们最终还是做了与我意见不同的事。他们坚信在某些区域3英尺的道路足够宽。但是在使用花园一段时间后他们发现需要加宽道路。

可视化花园布局

现在是考验你可视化技术的时候了。展望一下你的花园建成后的样子是让你对自己的选择感到自信的最好方法之一。如果你能够将一个区域想象的样子画出图纸来，它会帮助你了解相对于直线，一条曲线看起来是怎么样的。它还会让你看到，当你逐渐接近花园中的一个圆形物体，它看起来像是椭圆形。

说到圆形，你需要记住一件有用的事。如果你在一个圆形中加入一条道路，请将这条道路对着圆心。你是否对一个圆形元素的中心置之不理？如果你这么做，你会发现你在这周围会感到心理上的不舒服。如果你有意试图增加访客游赏你的花园时的舒适度，这将是一个方法。我见过一些有趣的设计，设计师把一个圆置于椭圆内并偏离椭圆中心，反之亦然，就像切过煮熟的鸡蛋。这种设计极具动态，它成功的部分原因是注意力会集中到较大的形状里的较小形状的中心。

说到形状的组合，你是否在设计图中无意间设计了一个锐角或尴尬的十字路口？如果你的设计图在纸上都有问题，那么当你在花园中体验建成的实物时将会感觉更糟糕。你是否试图连接一个正方形和一个矩形区域？与其将它们角与角相连，不如重叠起来。这样会给你带来更好的心灵舒适度。将角与角相连接会产生不安感。回想一下第5章讨论过的曲折线条吧。这是它的一个变体。

如果你不能得心应手地画一幅草图（甚至许多设计师都不能），你可以通过一个简单的方法来可视化你的新花园，即利用照片在图纸中定位对象。作为一个例子，我将使用假想花园的布局来可视化用来冥想的长椅（下一页中的 A 图）。

首先从正前方对你想要可视化的区域拍一张照片（不要从侧面拍照）。照片中要包含你的房子的一部分或是其他主要构筑物。此外，在你想要绘制的区域的角落放置一个正方形参考对象（如纸箱），使其的一个可见面与照片中的主要构筑物相垂直。参照你的平面图，确定最终平面图中你想关注的部分。我的草图 A（下一页）以一英尺的网格覆盖了整个区域，你并不需要这么做，除非你觉得使用网格更简单。

放大照片的副本至大约 8 ~ 10 英寸。然后用胶带将照片固定在一个平坦坚实的表面，将描图纸置于照片上，并同样用胶带将其固定在同一表面。（你可以使用无痕胶带或胶贴，它们黏性比普通胶带弱）。描出那些在安装花园施工之后还留下的东西。为了使线条看起来更直，你可以考虑使用绘图三角板和直尺。如果某些参照物在你完成设计后不需要存在，你可以之后擦除它。

较宽的道路引导进入前门更显热情，在花园里偏远的地方使用窄路。Bonnie Brucedoor 和 Michael Peterson 的花园。

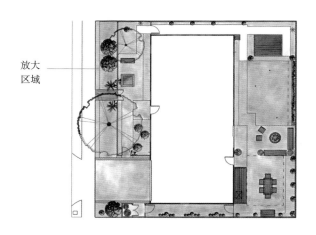

放大
区域

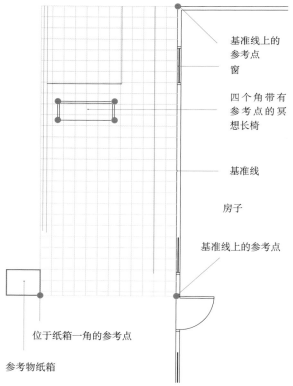

基准线上的
参考点
窗

四个角带有
参考点的冥
想长椅

基准线

房子

基准线上的参考点

位于纸箱一角的参考点

参考物纸箱

A　使用花园的布局来可视化冥想长椅。

下一步是找到视平线和灭点（B）。视平线和你拍照时眼睛的视线高度一致。一个找到视平线的简单方法是通过寻找照片中任意物体的顶面与底面来定位。它们越接近视平线，你越少看到它们。如果你在海滩上远眺大海，视平线将是海洋和天空相接的地方。为了绘图方便，视平线是一条穿过你图纸的直线，从一边到另一边，而且没有角度。

灭点在视平线上。沿着垂直于你站的地方的线条可以在视平线上找到一个点。换句话说，如果你站在房子前，假设房子的前立面与你平行，用来做参照的纸箱的侧面垂直于你的房子。设置一条直的边缘（比如一个标尺）沿着参照物底面垂直于房子的边线延伸，直到视平线上的灭点。所有同一个物体上垂直于你的线将汇聚到视平线上的灭点，这个例子中是汇聚到一个灭点。房子地基与地面相接的线就是基准线。

为了确定关注的区域，我画一条经过参照物纸箱角点的线，并且该线平行于基准线（C）。这一条线同时也与住宅相平行，确定了关注的区域。我参照平面图定位透视图基准线上的参照点，然后从灭点画一条线经过参照点并与平行线相交。现在我们就得到了关注区域的边界了。

请注意在假想花园的平面图中，长椅与关注区域的边界线接近。在透视图上，我在边界线上方画一条线来限定长椅的区域，预测它的准确位置（请注意，这只是一个草图）。我使用浅色的铅笔（H或2H铅笔），对二维平面上的长椅的四个角进行定位：（1）画一条线平行于基准线来

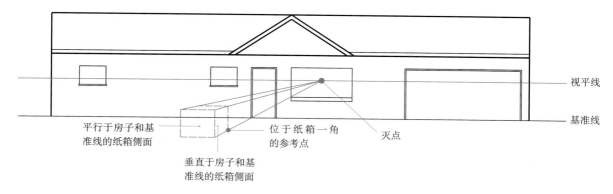

平行于房子和基准线的纸箱侧面

垂直于房子和基准线的纸箱侧面

位于纸箱一角的参考点

灭点

视平线

基准线

B　找到透视图上的视平线和灭点。

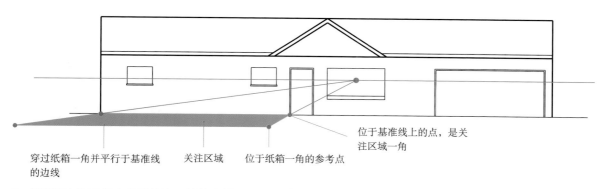

穿过纸箱一角并平行于基准线的边线

关注区域

位于纸箱一角的参考点

位于基准线上的点，是关注区域一角

C　使用灭点和参照点找到关注区域的边界，(1) 在基准线上找到与关注区域相关的点，(2) 从参照物纸箱角点画一条线平行基准线。

表示长椅上离房子较远的边缘线；(2) 定位在房子和基准线上与长椅位置相关的参照点；(3) 用灭点和基准线上的参照点找到长椅的前后两个边缘，先是离房子较远的两个角，然后是较近的两个角。

现在地平面上有了一个长方形代表长椅。为了将长椅三维化，我定位了表示座椅高度的点（如图 E）。在用来定位长椅四个角的同一条线上，

我估算从基准线到长椅的大致高度。通常座椅的高度大约是 18 英寸。我知道基地图中从基准线到窗台的高度是 42 英寸；按照 18 与 42 的比例，沿着垂直线我定位出了长椅的高度。通过这个参考点，从灭点画一条线与通过椅腿的点之一的垂直线相交。如此依次将与四个椅腿的点相对应的长椅座位的四个点画出，并将其连接，即得到长椅的座位。

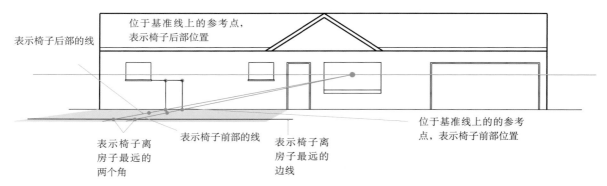

D 标注长椅的四个角 (1) 预测长椅离房子最远部分的位置，画一条平行于基准线的线来表达，(2) 在房子和基准线上定位与该位置或长椅相关的点，(3) 使用灭点和基准线上的参考点找到长椅的前后位置，然后是离房子最远的两个角。

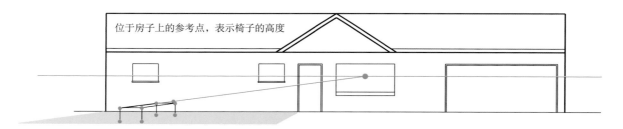

E 将长椅三维化 (1) 测量并记录从基准线到长椅的高度，并在房子上标记该高度，(2) 使用该点和灭点来表示长椅座位和椅腿。

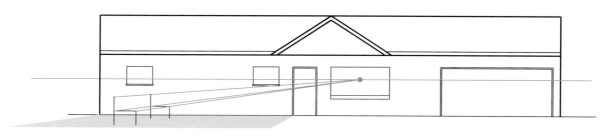

F 利用灭点延长表示长椅后背的线完成长椅的三维化。

用定位座位高度的相同方法定位长椅后背的高度（如图 F）。现在我可以使用这一轮廓线为选择好的长椅画草图，并使它看起来非常逼真。

如果你没有时间也没有兴趣绘制透视图，对你的花园放样可能会是一个更简单的方法。这一技术可以大大的形象化你对于各种功能的空间安排。为了感受高度，可以使用一些竹竿，并需要一些乐于参与的朋友或家人。在竹竿上定位来确定构筑物的高度。让你的朋友或家人展开双臂站着来表示一丛成熟灌木或小的构筑物的尺寸。

饰面和家具陈设

现在你有了各种各样的饰面可供选择，尤其是如果你收集了多种样品并将它们排列在后门廊。你是否已根据功能和维护等级对所有饰面进行了评估？它们会与你的生活方式相搭配吗？现在你将它们全部集中在一起了，看起来是否协调呢？

要记住的一件事是，你看到的饰面样品可能与你在花园中看到它们的比例不一样。一个饰面可能只占花园 10% 的面积。你的样品是否如此，或者它是否是你能收集到的最大的样本？另外，记住你不能在同一时间看到所有饰面。是不是会有这样的情况，一种饰面与其他的饰面放在一起看起来有些奇怪，但实际上你在花园中只会看到它和另一种相互协调的饰面在一起？

复查所有地方每个饰面与其他饰面相交接的情况。它们是否一个垂直而另一个水平放置？有时因为光线的原因，相同的饰面在不同的位置看起来会不同。在你要安装饰面的位置和灯光下检查它们。如果它们通常会在充足的阳光之下，就不要在阴暗处检查它们。如果它们将会被垂直安装，就将它们垂直放置进行查看。如果你会在地面上看到它们，就将它们放置在地面上观察。如果你凑近到手臂伸得到的地方查看它们，那么它们最终在花园中的安装效果可能会令你失望。

一旦你将所有的家具聚集在一起，至少在图纸上如此，要对它们评估（包括现有的家具）。

同一饰面的两块样品放置的方向不同，一个垂直另一个水平，使得它们看起来像是两种颜色。

地方在看起来是否协调统一？你选择的餐椅是否与餐桌相匹配？如果你想在躺椅上阅读，你是否能坐在合适的高度？在你付款买下它们之前反复仔细检查家具的功能、耐用性、维护、售后条款、饰面做法、价格等各个方面。

评估你的家具饰面是否与硬质景观的饰面相协调？它们是互补的么？是否有一种饰面与另一种基本相配但又不完全相配？如果是这样，考虑选择其中一种，因为这种情况会显得你想要匹配它们却没有做到。比起让两种饰面差不多相配，不如让它们完全不同或者将其中一种颜色调淡些或暗些。

灌溉系统

需要在选择植物之前对灌溉系统进行评估的原因是，你需要在选择植物之前了解水源和可用的水量。无论如何，灌溉系统与植物是亲密的伙伴。通常，直到选择植物后，才真正进行灌溉系统设计。在你做出安装灌溉系统的最后决定之前，确保该系统的设计适合于种植床。灌溉区域应该和每个种植床对水的需求相匹配。

如果采用人工浇水的方式，确保你能方便地使用软管给植物浇水。你是否需要将软管导向不同地方？这样就不用拖着软管穿过植物。额外增加一个远程软管龙头会有帮助吗？

种植结构

在你重新审视种植结构时，其中最重要的是要再次鉴定你所选择的植物在花园所处的地域是否具有耐候性。有许多关于植物的书，可以在其中找到有关你居住地域的信息，或者也可以浏览互联网来寻找。将植物与你所在的地域相匹配还不是一门完善的科学。有时，在你所处的地域耐寒的植物可能不喜欢冬天过多的雨水。或者，耐寒的植物不能经受冰霜或暑热和潮湿。

当你对所选择的植物的生存能力有了一定了解后，再一次审视植物的种植结构。在车库门的附近设计惊叹号植物有意义么？记住，令人印象深刻的植物结构会强调自身。你可能不希望大家关注类似车库门附近这样的位置。在这个位置需要一种能够将注意力引至别处的种植结构。

照明

在所有照明设备安装好之前很难对照明效果进行评估。然而，你可以通过在计划安装照明设备的地方布置手电筒来了解照明效果。虽然手电筒局限于特定的灯和光束扩散，但是它仍能为你提供相似的预期效果。携带着手电筒在花园四处走动，在你觉得需要照明的地方使用它，尤其是在你想要保存现有物体的地方（如一棵大树）。如果因为目前什么都没有而使你不能这样做，你可以在傍晚去参观公园或朋友的花园。在这些地方，在还看得见的情况下到处走动并做笔记，选择那些与你花园中计划布置的类似的物体用手电筒进行照明。你也可以在你邻里附近走动，发现别人已经完成的例子，但这可能更耗时。

您还需要衡量照明设备与花园中的其他部分看起来如何。将照明设备的相片与饰面和家具样品放在一起，基于饰面和外观衡量照明设备。它们是你所希望的那样吗？如果不是，马上换一种饰面或者照明设备。

在某些情况下，当地供应商的照明设备厂商代表可能会愿意在你的花园大部分完成时到你家为你测试不同的照明设备和布置。这对我和我的客户非常有用。但是，我通常会提前为照明制定一个初步方案，这样在需要的地方就已经有了电线连接。这个步骤可以节约我的时间和客户的费用，因为这样不需要提前决定所有的灯和设备。这一在花园内进行的项目帮助我们现场共同决定灯、设备和布局。

在树的底部使用手电筒初步评估该处是否会是一个布置照明设备的好位置。

设计的修订

修订不同于复查。相对于功能、维护或许多其他复查的问题，修订通常涉及基于设计移除或替换一些东西。修订就是管控。花园实际上是我们管控自然的结果。我相信修订是花园的生命中的一个持续过程，因为植物会枯萎和死亡（它们也有生命周期），损伤也会发生，需要修理或更换。除草是修订的一种形式。然而，在花园建设之前也需要有修订的过程。如果你将修订贯穿在你做整个决定的过程中，那么直到现在你面前都不会有一套完整的决策。

经过复查后，你可能已经做了一些改变。在所有构成要素整合后，是否还有什么引人注目的情况出现？进行修订最重要的原因就是为了简单明了。如果有什么非常刺目，那么它可能不应该属于花园或者是会破坏花园的整体协调性。

运用所有你了解的设计原则，特别是平衡和统一的原则来评估花园各个构成要素的位置，它们所使用的空间，循环的路径以及焦点的位置。为了使设计达到平衡，根据需要重新布置位置，移除或替换一些东西。记住设计仍然是在纸上。永远不要拘泥于一个想法而不愿意将它改变，对设计要保持开放的心态。

如果你需要更多的意见，邀请有兴趣的朋友某天下午过来品尝些开胃小吃。将你的设计图纸钉在墙上，展示你收集的饰面和照片。然后向朋友们解释你的花园设计，询问他们的想法。收集评判未必容易，然而却能使你收获丰厚的回报。

他们也许会提出一些你从未考虑过的想法。即使这样，你仍需要接受在建设期间，设计还可能会发生改变。有时，你将不得不接受一些意想不到的现实状况。当然在花园建设完成之后仍会随着时间的推移而发生设计改变。

一旦你定案所有决定，修改你的概念平面图以体现所有更改。这就成了你的总平面图。总平

这幅令人愉悦的图景中没有任何突兀的东西，它们共同表现出美丽，暗示出花园的其他地方一样的和谐氛围。Laura M. Crockett, Garcen Diva Designs 设计。

面图通常显示所有的硬质景观，包括露台、道路、水景、围栏等。它还包括植物和家具。它是一个综合平面图，是施工平面图的指导纲要。

制作施工平面图

招投标和施工需要的平面图通常包括的信息与承包商为了给你提供报价和建造花园所需要的信息一致。这些信息可能极其详细。任何不清楚或者缺失都会使你的承包商在投标前提出问题。如果有任何事情是模棱两可的，这就意味着之后订单会有所变化，或者你的承包商会告诉你他不会将这件事情包含在报价中，因为他不知道你想要什么。这意味着额外的意想不到的费用。

提供更多的信息是最好的预防措施。确保你有类似平面图上的尺寸信息，告知承包商石头露台有多大面积和木结构凉亭有多高。庭院或凉亭的设计是怎样的？你有照片或图纸和尺寸可以提供给承包商吗？你有指定类型的石头或木头吗？假想你正在自己建造一些东西，你会需要知道什么信息呢？这也是承包商想要知道的信息，它们应该被系统且全面地写下来。

你可以在平面图上分区，为每一个区域创建一个列表，如果这样对承包商而言信息表达更清晰的话。即使你自己建造花园，如果你有每一个项目的详细信息，将使计算建造它们所需的材料数量变得更容易。

设计假想花园

总平面和施工平面图

　　假想花园有不止一个头痛的问题困扰我：冥想长椅的位置，果岭角落处与后院台阶不舒服的交接，遛狗场的细节。我通过以下方式解决这些问题：

- 我将冥想区域以装饰栅栏和大门围绕在私密的庭院之中。这就使得我不必担心访客出其不意的出现会打扰到坐在长椅上的人。由于增加了栅栏和大门，所以我修改了桥附近的照明。我在大门的两侧布置固定在栅栏上的照明设备代替放在地面的照明设备，可以照亮水景和车道的大门。我将栅栏和大门的材料和设计与围绕遛狗场的栅栏协调一致。
- 我也决定与其让角落处出现不舒适的交接

点，不如将果岭拐角处沿踏步进行退让。
- 我认为雪松屑将是适用于遛狗场的最好的铺装材料。雪松屑有助于减少跳蚤和其他昆虫，而且它们不会像碎石一样粘在狗爪上被带进屋子。我将种植一些对狗无害的柱状植物在白天荫蔽部分的遛狗场（或者，我也可以设计一些遮阳构筑物）。

　　现在花园达到了协调和统一。各区域的功能更为合理。修改后的概念平面图成为总平面图，表达最终设计。总平面图是施工平面图的基础，最低程度规定了尺寸和具体的材料。我还将提供足够的标记、细节或许还有照片来向承包商充分地描述构筑物。现在我已经准备好进入建造的步骤。

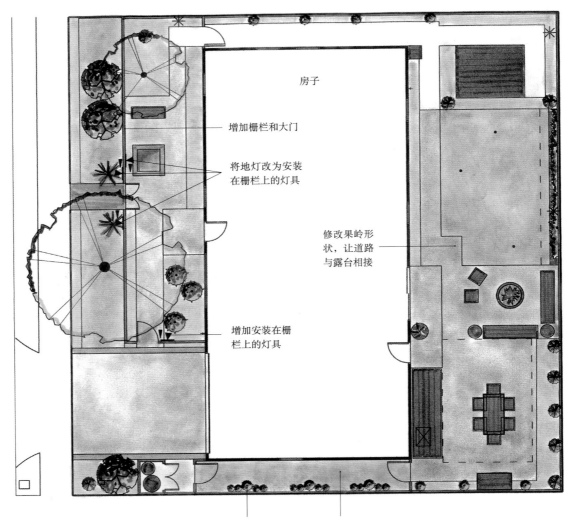

房子

增加栅栏和大门

将地灯改为安装
在栅栏上的灯具

修改果岭形
状，让道路
与露台相接

增加安装在栅
栏上的灯具

增加高大的
柱状植物

道路材料改为雪松屑

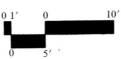

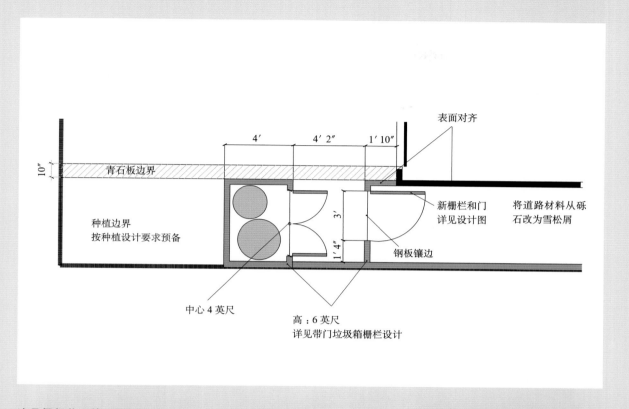

这是假想花园施工平面图的一小部分，显示了垃圾箱栅栏和部分遛狗场，表现出承包商提供报价和建造花园所需要的典型信息类型。

修改后的概念平面图成为总平面图，显示出庭院区域环绕的新栅栏和修改的照明设备、果岭与遛狗场。

第 11 章
建造：与承包商合作

一些观点

除非你对建造过程有所了解，否则，雇佣一个承包商来为花园施工可能是花园建造中最棘手的部分。不过，学习一些知识就能让你从胆怯变得自信。

在开始这一章前，我采访了一些承包商，谈论了一些业主准备建造花园时遇到的特殊的和共同的问题。承包商们的回答使我得以与你，一个花园的业主或有抱负的设计师，来分享承包商和设计师的观点。

在这一章中，我用代词"他"指代承包商。这并不是说没有女性景观承包商。然而，景观承包商绝大部分是男性；我向那些能力优秀的女性景观承包商致歉。

寻找和选择一个承包商

那些选择让别人建造花园的客户经常让我推荐某人来帮助他们。即使你觉得自己可以建造部分或大部分花园，工程的某些部分可能也需要承包商的技术和设备。如何寻找一个承包商，以及为你的花园选择合适的承包商时需要考虑什么，了解这些是有帮助的。

你将学习：
- 如何寻找和选择承包商
- 招标一个项目
- 施工阶段会发生什么事

对页图 细木工作可以体现一个承包商的能力以及他在协调工作时是否能考虑周全。由 Shapiro Ryan 设计，西雅图。

获得线索

口耳相传可能是花园的业主找到承包商最常见的方式。有时，转介过程颇费周折，但它确实能让客户找到承包商。一个承包商说他获得的一个项目是通过四个相互关联的人之间传递转介，最后他的客户听说并雇用了他。如果承包商没有健谈的邻居传递信息，那么最便捷的宣传方式就是在街区里建造项目。通常，承包商会在庭院里设置标记，表明他们正在建造花园。在花园周围走一走，看看项目进行得怎么样。如果可能的话，问问业主对于该承包商的看法——最好是项目完成后。

有时候，通过家庭、朋友和熟人的小道消息很难找到一个合格的景观工程承包商。当这种情况发生时，考虑咨询提供给承包商可能使用的产品的供应商，或者可能为总承包商做过部分工程的分包商。比如专业从事景观照明的照明公司、场地工程公司、木材厂或堆场、灌溉系统安装公司都是不错的例子。供应商或分包商可以告诉你他们与承包商做过多少生意，以及该承包商的经验学识、责任心如何。

再次，互联网或黄页是帮助你找到一个承包商的常用途径。然而，这种方式得到的信息细节各不相同，所以可能更难找出那些适合你的。它让你

观察一个承包商的在建项目可以洞察一些信息。由 McQuiggins 公司设计建造。

找到的承包商良莠不齐，除非你有出色的资料。

当地贸易组织也有一份具有资格的景观承包商的名单。这种组织往往会覆盖广如国家或省的地域，但通常会有地方分会。你通常可以在网上找到你所在地区的会员名单，包含联系信息和个人网站的链接。承包商通常在他们的网站上放上最好的项目照片。如果你计划在花园里放一个石头火盆，那么在网站上看到承包商已经建成的石头火盆的样子无疑是有帮助的。

筛选候选人

如果可能，在你的设计完成之前就开始考虑

选择承包商。你可以制定一些基本准则对承包商进行资格预审，包括承包商的资质、证明材料、项目方法等。此外，如果你的项目一小部分是相当确定的，可以将其作为获得报价的基础。如果你决定这样做，确保每个承包商知道这仅仅是整个项目的一部分。预选承包商能够让你在设计过程中就与承包商初步商议建造价格和材料的大致信息。

如果你选择在招标之前完成你的设计，与你感兴趣的承包商简要地讨论你的项目并约定时间和他们会面。准备好花一些时间会见几个承包商来了解他们。记住，你现在投入的时间能节省你

一个被石笼墙穿透的旋涡状石头火盆是一个石匠作品，并且可能是一个很好的参照范例。Fran 和 SharonLaPierre 的花园。由 Vanessa Gardner Nagel 设计，APLD。四季花园设计公司。

在未来将要花费的时间、金钱、头痛，或三者兼而有之。接下来的几个段落会提供一些你从最后的承包商列表中招标之前，与承包商会面的时候要记住的事情。

也许人们通常认为的首要标准是承包商展现出的专业知识和技能的程度。他（她）能做出好的作品吗？你期待好到什么程度的作品？承包商的能力会参差不齐，看细节可以区分优劣。承包商如何结合两种不同的材料？如何处理阳角或用某种材料终止踏步？他们给安装好的材料做的面饰好不好？是否用涂层防水？如果是这样的话，涂多少层？涂层材料是什么？涂层能持续多久？你明白这可能是很复杂的事。

与人相处是每个人的重要品质，与承包商协作时尤其如此。这不仅是对承包商而言，你正在创造一个新的工作关系，所以要注意自己的配合度并意识到他们正在同一基础上评估你。承包商也是人，除非承包商做出失礼的事，否则要像尊重企业主、工匠、调度和材料专家、各种工作的经理和他想要成为的受欢迎的人一样尊重他们。如果承包商发现同你合作可能是困难的，他可以有很多方法让你选择其他人，而不是告诉你他不想接你的项目。优雅地拒绝做一个项目的例子，是给出高的报价或需要较长时间才能开始工作。注意，承包商的日程可能真的很忙，这表明他是炙手可热的，因为具有良好的技能、低成本或者快速竣工的能力（极少情况下三者兼有）。如果承包商认为客户需要手把手的指导，他们可能会增加项目费用。

地方政府通常要求承包商进行担保和投保至少达到规定的最低金额。一些承包商的投保会超过最低限额。如果他们忘了告诉你投保的情况，记住询问他们。要求查看书面证明，因为如果发生意外，或者你们中任何一方忽略或忘记什么事情，就可能会影响你的项目的成功。确保他们在资金方面有承担失误的能力。

不同行政辖区的特许经营法就像担保和保险制度一样是不同的。检查当地行政区对于景观承包商的法律要求。有些地方只需要公布担保就能成为承包商，而另一些需要通过一门或多门针对不同景观工作而制定的考试。有时专业的景观承包商组织通过同行评审证明他们的成员是有资质的。承包商在花园里工作之前，你要确保他们符合所有的法律标准和经过一定程度的专业经验审查。警惕承包商暗示你不需要依法取得许可证。他们可能不想让检查员审查他们的工作，因为他们的工作可能是不符合规范的。这可能意味着你以后会有麻烦。

承包商能拥有的最好特质之一是正直。询问一组承包商时，我会问每个人正直对他们意味着什么。任何客户都会尊重一个正直的承包商。他们每个人都认为诚实和可靠是重要的。好的承包商用自己的工作证明自己。

一个值得信赖的承包商是至关重要的，因为你不是他将使用的所有材料和方法方面的专家。即使你是，你也不得不依靠一个承包商，因为你没有时间来做这项工作。提前自学对双方都有好处。有时花园业主能找到承包商没有听说过的产品，因为它是市场上的新产品。一波接一波的新材料随着各种广告途径不断推出，任何承包商都不可能完全熟悉所有产品。承包商分享你的发现的能力和处理共享信息的方式可能会令你更偏爱他。

询问承包商是否有可供浏览的作品集，这能让你对于他们的专业知识范围，以及做过多少类似项目有个概念。一些承包商有非常便于浏览的网络作品集，其他则可能还未适应数字时代。这与他们建造花园的能力无关，但可能关乎你获取信息和与他们沟通的便利程度。

日程安排和建造优先级

在你从最终候选的承包商之中进行招标之前，请询问各承包商在他的日程安排中何时能够开始做你的项目。承包商的日程安排表可能是世界上最复杂的东西。如果不是亲自管理项目的全部内容，他可能要负责协调分包商的工作。项目进展的速度不仅受自然规律控制，同时也取决于分包商或其他承包商何时能够开始着手你的项目。在项目之中组织各种工作取决于一系列因素：天气、他们与分包商的关系、其他项目、项目小难题（意想不到的问题）、项目开始之后你做的改动等。有时按时在预算内完成项目就是一个奇迹。通常施工预算中都会写入一个平均占预算5%～10%的应急金额以应对意外的情况，如果你的项目较小比例甚至会更高。记住，无论你的承包商多么完美，做一个尽善尽美的日程安排都不容易，你应该庆幸得到承包商的日程安排。

如果你的日程需要优先考虑，那么在你雇佣承包商之前要开诚布公。如果你的项目日程有诸多限制，承包商可能会选择退出你的工程招投标。这种情况是因为你未能充分预先计划造成的，并不能让承包商愿意紧急处理你的项目——除非他真的需要这份工作。然而，紧急情况确实会发生。让承包商知道紧急的缘由，也许你会得到他的同情和善意。

可达性对承包商来说是关键问题。承包商一般会在日程表中优先处理到达困难或者受限制的区域。这意味着他们将首先处理你的院落里最难以到达的角落，往往是后院。这与业主想看到的结果大相径庭，但这种方式避免了为到达后院移开或破坏现有的景观。

招标前你的责任

在招标前了解你的限制因素是很重要的。大多数人想到项目期间的限制因素时，往往首先想到的是资金。然而，有一些其他种类的限制需要考虑。如果你想帮忙自己做部分项目，考虑你的时间、精力和知识的限制。你的承包商不会喜欢在项目半途突然听你说没有时间，虽然你曾以为会有的。冒着增加项目成本、信誉降低、信任感减少的风险是不值得的。在这种情况下相互关系会变糟，从一开始就要自觉并诚实。

通常一个房主几乎能记住承包商的所有职责。然而，你也是有责任的。你的职责可能如不要干涉承包商的工作这样简单，或者像采购承包商将使用的产品一样重要。如果你选择接受项目中的任何责任，确保你会做到并且按时完成。如果你推脱自己的责任，就要做好准备承包商会推迟竣工日期，而且效果不一定更好。如果承包商准备进行某项工作时工具和材料没有准备好，那么他就需要重新安排员工的工作，甚至不得不接受分包商在你的项目无事可干时开始着手下一个项目。

该项目的景观承包商需要首先通过这个狭窄的上坡区域到达地块的后面。在某些情况下，篱笆的一部分可能需要被移除，以便承包商进入花园区域。

招投标过程

当列出至少三个以上可以愉快合作的承包商时，你就可以开始招标过程。打印出你搜集到的项目信息副本，应包括所有规划、图纸、草图、材料清单等等。向你最后列表中的每个承包商各提供一套文件，以便他们明确你期望的工作范围。让每个承包商在你的地产周围走一走，使他们对地形有所了解。这将帮助他们决定一些事情，最重要的是到达基地的最好路径、施工过程中可以存放材料的位置、可能出现潜在问题的地方等等。

当承包商准备投标文件时，会提出问题。有时问题是关于你心中的具体标准，或有关你选的材料。例如，如果你要求他们在种植前为每个种植床增加 2 英寸的土壤改良，一个或多个承包商可能会问你是否考虑了特定的土壤改良成分。他们可能还会建议少用以降低报价。

如果你与一个承包商达成一致要改变什么，你需要通知所有承包商以保证他们提供相符合的标书。你的目标是获得尽可能相等的回应。即使你尽最大的努力，承包商们还是会不经意地提出一些有创意的回应。不得不打几个电话来解释条款或修改工作内容是很正常的。这不像水果沙拉：审阅标书时苹果和橘子不能混在一起。

在投标阶段，有趣的事情时有发生，它们会影响到你从承包商处得到的报价。处理替换问题可能是错综复杂的。如果你在做关于某个特定材料或产品的决定前做了大量研究，那么就要警惕在投标过程中将之替换的建议。承包商有责任证明他所推荐的至少同你选择的一样好。承包商通常都会推荐一些更便宜的东西，因为这意味着他最终的报价可能更具竞争力。你最好在选择期间让每个承包商对相同的东西提供报价。如果你认为承包商推荐的产品比你最初的选择要好，你可以在签订合同前要求变动。

审查标书和授予项目

收到所有标书后，首先审查每一份的完整性，然后再开始比较费用和服务。是否每个承包商都提供了证明材料？他们是否给你提供了资质证明？他们是否告诉你施工期间联络人是谁？标书内容组织得怎么样？是否所有内容都能一目了然，还是需要搜寻才能看到细节？核对你所有的要求。如果有内容遗漏你应该打电话要求补充该部分内容或得到对于疏漏的解释。

如果你对某个提议有任何不清楚，打电话去问清这些条款，尤其要理清关于服务和材料包含的内容。一些承包商可能报价较低，因为他们省略了其他承包商包含的某些步骤。这未必是一件坏事，但是你应当关注和了解更多信息。如果承包商需要修改其标书部分的内容，确保以书面形式修改，并写入合同。

花在检查承包商给你的证明材料和参考资料上的时间是很值得的。有时，如果承包商能合理安排每个项目的日程，他可能会请你到另一个客户的花园里参观。如果这个项目与你的项目类似就会特别有帮助，因为这样你就可以询问与自己的项目相关的问题了。

审查合同

建造从来不应走上相互指责争辩的歧路，但事实是它经常发生。有时是因为花园的业主和承包商对彼此有着未明确说明的期望。当

较长的筹备时间常见于特定事物。花园艺术或许是其中之一。在玛西亚·多纳休的缤纷花园，她展示了一些她因之而闻名的艺术品。

涉及合同范围内的建造和工作时，沉默并不是金。开始时交流越多，就越有可能满足对方的期望。优秀的承包商会煞费苦心地在施工之前就让客户知道他将要做什么。你们的合同中应当明确工作范围并且足够详细，以使承包商对他应做的工作没有疑问。一旦合同生效，承包商有权对你改变的任何事项给出工程变更通知单。变动常常会对你的预算带来负面影响。

以下是你在合同中应看到的细节：

- 总费用
- 如何以及何时付费（费用明细表）
- 合同提交日期
- 合同到期日期
- 施工进度：开始和结束日期
- 如何界定竣工
- 延期竣工处罚或提前竣工奖励（可选）
- 你的地址作为项目地址，如果项目是花园的局部地区，描述它将在场地的何处完成
- 合同当事人
- 承包商的地址，电话号码和合法的企业名称
- 描述工作范围：包括和不包括什么（必要时）
- 工作区域或边界
- 暂存的材料放在哪里
- 市政设施使用（水、电等）
- 一项条款声明，这是你们关于这个项目的唯一协议，以及任何修改必须以书面形式提交
- 协议变更将如何处理，特别是涉及额外的成本或费用退还时
- 管辖合同的国家或地区
- 该合同法定当事人签名的地方

除此之外，合同可能还包含额外的语句和章节。彻底审阅合同，确保你理解每项条款。你应该考虑将你的图纸和草图或材料清单作为合同的一部分。如果你有与承包商达成共识的竣工日期，将它写入合同以防万一。

一种常见的付款方式是在项目开始时预付三分之一的费用。这允许承包商为项目订购材料。在某些项目中途意义重大的完成点，应当支付另外三分之一的费用。接近基本竣工时，则应支付最后三分之一的费用。如果你更乐意留下一部分费用直到所有细节都完成，那么在签订合同之前就应当清楚声明。另一种常见的付款方式是承包商根据项目的规模和复杂性，每月或每两个月记清单，以及预先要求资金到位开始工作。

如果项目中有你想要用的特殊材料，并且你知道它的制造和加工周期长，则应当考虑在合同中注明，这样承包商才能有充足的时间来订购并按日程表中指定的时间接收材料。我时常因为承包商没有按时订购产品而在最后一分钟收到替换材料的请求。这不是你的错，为什么要让你承担这一切？

偶尔业主会采用奖励机制，以及收取延期完工的罚金来促使承包商较早完成项目。这通常仅在时间因素非常重要，或者项目剩余时间非常紧张时才会采用。

建造过程

一旦开始施工，你与承包商的关系就变化了。施工前，你偶尔才看到承包商，而且住宅周围的事物看起来似乎很正常。一旦开工，你就会频繁看到承包商或其项目经理，混乱和不正常的事情也可能会发生。随着工作中不同内容的进行，可能定期出现不同的人。你不想失去的东西要确保安全。损失或毁坏没有保护措施的物品的可能性会随着工作内容和分包商数量的增加而增多。

一旦工程开工，尽一切努力避免改变，除非是关键的问题。工作范围增大或承包商增加新工作可能产生惊人的费用以弥补对原有工作的干扰。这种情况并不多见，但在我的经验中是常有的，以至于当我看到它发生时就相当于看到了危险信号。承包商一般都乐于接受客户不断提出的新指示，但是可能的话他们通常更愿意坚持原来的设计。客户提出的变化可能会严重扰乱他们的日程安排、增加工作难度、重新计算费用，并可能使工人感到混乱。

稍许熟悉一下施工阶段将减少你可能产生的惊讶，比如当电力公司准备安装地下电子设备而切断你的供电或其他类似行为时。通常你的承包商会提前至少一天通知你。

与你的承包商沟通

沟通是建立任何良好关系的关键。在这种情况下，沟通越多越好。当你与承包商沟通时，考虑记录你们所说的内容及时间。承包商通常也是这么做的。这是很好的专业实践。如果你发送电子邮件、传真或写一封信，你应该自己留一份副本。当你给承包商打电话时，如果你们做出了一个将会影响工程的预算或日程表——若有矛盾存在可能导致不和谐的两件事——的决定，你应当制作一份书面的电话记录。你或许认为文档工作只有在案件诉讼时才是必要的，但它也是预防性的工作。这将有助于保持大家朝一个方向共同努力。

所有我采访过的承包商都说，电子邮件和手机是在项目之前、进行时或者之后随时找到他们的最好方式。一些人强调手机比电子邮件更好，特别是当他们外出去工作现场时。最好的时间似乎是在每天晚些时候，因为他们在早晨通常正在购买材料或协调分包商或员工。

然而，这可能造成不便。提前审查主要事件和潜在的不便以减少意外情况。以下是对施工过程中的主要阶段的描述。你的项目可能不包括所有的阶段，但通常它们会以这个顺序出现。

场地准备

如果你或承包商确定在开工前需要进行现场条件调查，承包商会安排土壤试验等地质勘查。一般情况下他会有一个合作的公司，但他通常会让你直接单独支付该公司，与他的工程费用分开。

当地行政部门将需要你的项目各个部分的许可证。拆除、放坡、地下作业、市政设施和硬质景观通常需要某种程度的许可。这也可能涉及建造进行时及之后由指定的政府工作人员进行审查。

第一批到达场地的物品之一可能会是一个供工人使用的流动卫生间。你要做好直到施工完成都会看到它的准备。必要的话你可以与承包商商议放置位置问题。

在工作开始之前，承包商将对现有的树木或其他在施工期间需要保护的区域安装防护设施。树木周围需要保护的地面需要达到滴水线——悬伸出的树枝在下雨时滴水的边缘线。此外，他还可能安装类似淤泥围栏的东西，防止土壤侵蚀到另一块土地；或一个临时的链环栅栏，用来保护材料或防止对访客或闯入者可能造成的伤害。

承包商也会在工作开始前致电市政公司，让他们标记地下管线的位置。这对于你的地产上几乎任何类型的工作都是非常重要的。你的邻居可能不会因为持续的电力供应而感谢你，但如果你的承包商不小心切断了一根地下电力线导致停电，他们无疑会说一些不愉快的话来抱怨你。如若如此，你的承包商即使不震惊也会同你一样惊讶。

拆除

可能的情况是，你的地产上你不准备留下的物品都将被移除，否则任何其他工作都无法开始。理想的情况下，拆除的物品可以回收再利用或送到可回收材料的公司。通常承包商会有一套系统标识出移除、移植或者保留的植物。确保你在他们开始移除之前已经确认了那些标识，否则你最喜欢的树可能会成为柴。

场地的设备的可达性可能是至关重要的，这取决于设备所需的空间尺寸。你也可能需要一个大垃圾箱来堆放拆除下来的材料。尽可能循环利用材料。

挖掘、场地修整、放坡

一旦清场完毕，就可以开始挖掘、场地修整、放坡了。这些工作顺序可能依据项目范围和地块现有环境的不同而各异。如果你的场地条件很有挑战性，意味着陡坡或者排水问题——或者兼而有之，场地修整可能需要采用岩土工程师或土木工程师的建议。

地下作业

一旦土地变得牢固，放坡的方向也处理得合适，并且挖掘工作也已完成，承包商就会安装一些我们花了大价钱却从未看到的东西。它们包括所有地下灌溉管道；为户外淋浴、水槽及水景、池塘供水的远程软管和龙头管道设施；天然气管道；连接电气和电信设备（包括户外照明）的电线和电缆。还可能包括地下丙烷储罐或储水系统。

开挖大池塘时需要考虑的一件重要事情是挖出的泥土该如何处理。你可以付钱把它从场地上移走，但是在场地上利用它更有意义。在我的花园里曾发生过的最好事情之一，是在填补拆除的油罐腾出的空间时剩下的一大堆土。

承包商在放置石板天井之前，他安装了服务于右侧挡土墙的排水系统。McQuiggins 公司设计与施工。

这个土堤成为我们的停车场和主体花园之间的分隔。土堤后来发展成一个岩石园，布置了坚韧但诱人的植物。

硬质景观

当承包商开始安装硬质景观时，你终于开始看到设计工作所做的努力的呈现。混凝土基础、混凝土或砌石挡土墙、和（或）混凝土、石头或铺装材料铺设的露台和步道都将出现。承包商还将安装其他混凝土或石材景观，如游泳池或水景、围栏列柱、室外厨房的准备工作，以及花园艺术品的基础。

接下来将出现的是木材或金属预制件——栅栏、大门、凉亭、遮阳棚、花架等等。为了防止安装其他物品时所需的重型设备造成损坏，脆弱的艺术品一般会最后安装。例如，承包商可能会直到种植前才安装一个包含玻璃或者精美的活动部件的多媒体作品。

设备安装

施工计划中接下来将是设备安装。承包商可能早些时候已安装了一些设备（如为池塘、水景或灌溉控制供水的水泵）。然而，现在才是类似户外厨房或游戏场所需的设备到达和安装的时刻。承包商也可能在安装其他设备时同时以滴灌系统的形式安装地面灌溉设备。通常的情况是特殊设备（如室外厨房）由制造商认定或指派的专业人员来安装。对于这种类型的安装来说，你的承包商可能只是协调员。

种植

当开始在花园里种植时，它才真正让人感觉像一个花园。植物将由卡车运来，通常从较大的植物开始，如铺草坪用的草皮、树木和大灌木。在种上其他植物后，承包商通常按草皮块或播种的方式来铺设草坪，以避免弄坏新草皮。首先，承包商在种植前划定植物位置。这个机会可以让你审查植物的布置，并确保地上放着的植物与你的清单一致。你可能还需要审查适当的种植方法，以便检查并确保植物被正确地种植。大多数承包商在种植带根颈的木本灌木和乔木时会高出一英寸，这样当植物下沉时，根颈就不会沉在地面以下。如果这种情况真的发生了，那么植物的根颈很快就会窒息，导致植物死亡。这种不该发生的情况时有发生，这就是我提到它的原因。

有时，承包商的一些员工没有受过关于植物的良好教育。他们购买了正确的属（植物分类学等级，在科以下、种以上）但是种（植物分类的

在种植前划出植物的位置。R.Scott Latham 和 Beth Woodrow 的花园。由 Barbara Hilty 设计。照片来自 Barbara Hilty。

最小单位）错误的植物。这可能意味着你会得到与你想要的完全不同的植物。另外，承包商可能让植物中间商为他们购买植物。植物中间商有充足的植物货源，而且通常善于提醒承包商如果时间等不及可以用另一种植物代替。有时我的客户不得不等待几株植物直到春天，因为承包商在秋天植物难以获取的时候建造了大部分花园。苗圃会在秋天到来前降低植物库存，以减少冬季需要照看的植物。一些承包商也有自己的苗圃，以保证他们或者共事的设计师在项目中惯于使用的植物可以容易获取。

最后的润色

在花园里最后安装的项目之一是花园照明。如果你需要或选择标准线路电压，主要的布线可能已在地下铺设好。如果你所有的照明设备都是标准线路电压，唯一剩下的安装项目就是固定装置以及打开开关。然而，如果你选择了低压照明

基本完成的项目是一个几乎所有事项都已完成的项目。通常还有个别事情需要做，当然，清理工作也仍待完成。由 Eckelman 建筑与规划公司设计并施工。由 Vanessa Gardner Nagel，APLD 进行花园设计。四季花园设计有限责任公司。

设备（花园照明最常见的类型），承包商将需要将电缆放置在花园的周围。他将通过地下套管使电缆穿过车道和步道，然后才安装并固定设备。计划抽出大概一个晚上的时间与你的承包商微调花园照明的位置和方向。要求承包商为每一只照明额外留出一截电线也是个不错的主意，因为当你调整每个固定设备的位置时，这会给你更多的灵活性。

护根铺设是另一个花园项目的最终任务。你应当已经决定了你想要多少英寸厚的护根，以及选定了材料。确保承包商没有在太靠近木本乔木或灌木树干的地方铺设护根。有些多年生植物也容易感染冠腐病。一些苗圃和植物专家推荐一种小型的致密砾石铺设在这些植物的根颈周围。我在自己的花园里使用的是1/4-10碎石加堆肥。在严冬时节，碎石对于植物的存活、避免被压垮起到重要作用。有时，我也推荐成熟的、小片状

的本地木片。但是需要确保木片是成熟的，否则它们在腐烂时会使土壤的氮流失。

虽然一个好的承包商在每天的工作后会进行清理，但是清理场地仍然是最后的重要任务。清理不仅指将散乱的覆盖物或树叶扫离步道，还意味着确保砂浆没有滴落到石头上，油漆或染色过的表面无划痕，设备运行正常等等。即使是最好的项目，可能也有小事物需要修正或修补。一般情况下，承包商会约定一个日期来审查项目的问题，并且拟一份业内称为"竣工查核事项表"的表单。一旦承包商完成这些任务，他即认为工程完成。这也意味着他要提供本项目的最终费用清单，以及你应结算工程尾款。所有与我交谈过的承包商都竭尽全力对项目完成后可能出现的问题负责。好的承包商希望你的花园能够完美地运行。他们喜欢让客户满意，因为这是对他们的肯定。

施工日程安排

　　我为假想花园拟了一个简单的施工日程安排表来展示各项任务从开始日期如何缓步推进，以及某些任务之间如何重叠交错。

任务	第一周					第二周					第三周					第四周					第五周				
标记公用设施	●																								
拆除：拆下旧的步道和植物		●	●																						
标记新的布局；为新的步道进行挖掘准备				●	●																				
安装灌溉系统和灯光布线						●	●	●	●	●	●														
安装新的步道边缘和基础材料												●	●	●											
铺设新的步道路面材料														●	●	●	●	●							
改良种植床的土壤																			●	●					
种植新植物及铺设护根																				●	●	●	●		
安装和调整照明设备																								●	●

这个假想花园的简单的施工日程表展示了各项任务的时间线。

第 12 章
竣工之后

完成花园的安装

一旦承包商离开，和平与宁静就会再次回到花园。现在你可以进入冲刺阶段了。就像房子里的某个房间没有家具就无法使用、没有装饰品就显得荒凉冷漠一样，你的花园也是未完成的。现在你可以安装你的花园艺术品，放置户外家具，以及摆放一些装饰花盆了。

安装花园艺术品

有些艺术品的安装就像把它们插进地里一样简单，然而，即便这样也应该有个韵律和理由。如果真是那么简单，也要确保艺术品的高度与它周围物体的高度具有某种你想要达到的关系。如果需要垂直或水平摆放，请使用设备以确保准确。如果想故意倾斜某一角度，则允许较大的误差和估测的自由度。

其他一些艺术作品，如大陶罐，需要被放置在水平面上。在某些情况下，因为地面不是平的，你需要在放置物品之前平整出一块水平地面。你可以铺设一个大型混凝土铺装块材或石材，如果必要的话夯实碎石或浇注混凝土作为垫层。一个美丽的花盆放得倾斜总是看起来有些怪异。使用水平仪确保地面是水平的。如果地面是水平的，艺术品也会是。

接下来还有更大件的艺术品，不论如何都需要安全地将它们固定起来。诀窍是毫无损伤的固定艺术品，并以这种方式防止被盗，特别是当它处于公众视野中时。艺术博物馆和美术馆精于此。此外，艺术家通

你将学习：

- 如何安装花园艺术品和种植容器
- 派对或开放花园的人群控制技术和花园礼仪
- 成功的花园派对或开放花园所需的策略
- 为开放花园做准备的维护建议

对页图 一只不需要植物也很美丽的陶罐。这个陶罐作为焦点把注意力引向道路对侧的精致花园。Dulcy Mahar 的花园。

常可以给出稳妥地安装艺术品的最佳建议。根据它是什么（因为它几乎可能是任何东西），我会向画廊的老板请教她或他的建议。通常如果那件作品是非常沉重的，那么重量本身就是一种固定方式。如果它是回收和再利用的物品，你可能不太关注它的价值，可能会像安装一个篱笆桩那样把它直接浇入混凝土。保护艺术品有许多创造性的方式，为你的花园艺术品调研并找出最好的方式。

布置户外家具

布置你的户外家具不是高科技。当你绘制花园的布局和制定经验法则时大部分安排已经确定。然而，我的经验是，因为没有水晶球来精确地看到事物未来的样子，人们在安装过程中偶尔会经历一些意料之外的惊奇。

有时稍微改变物品的角度，或把物件移放得更加紧凑或者更为分散是有必要的。有时一把椅子的颜色会在一年中的特定时间与某种花

这件花园艺术品很容易安装：只需要把它放置在地上。Dulcy Mahar 的花园。

黄花独尾草"埃及艳后"与一座壮观的红色钢雕塑交织在一起。从阳台、楼梯的顶端和花园的远端观看，该片景观成为花园的视觉中心。Michael Henry 和 Barbara Hilty 的花园。由 Barbara Hilty 设计，Barbara Hilty 景观设计。雕塑由 Ivan McLean 设计。

的颜色冲突；一件家具的织物的肌理无法与其
后面植物的肌理相区分。偶尔一件家具的尺度
是不合适的。设计师通常会预先想到这些事情，
而且已经习惯于考虑这些问题。然而他们可能并
不完美，只是训练有素而已。

意外还是会发生，尤其是当你认为不会发
生时。所以尽你所能提前做好计划。在安装过
程中改变你认为需要改变的，否则就接受它，
只要它不让你发狂。

红柳条椅子刚好适合这种环境，包括一块铺着红色
图案地毯的室外区域。这一区域的植物包括 *Rosa moyesii* "天竺葵"（初夏开红花，秋季结红色蔷薇果）
和 "紫叶加拿大紫荆" *Cercis Canadensis*（和它的红叶）。
作者的花园。

种植容器

对于在容器内布置的植物你有无数选择。
每一种能想到的植物都曾或者将要用以装饰花
罐。通常的明智之举是在容器中将植物紧密排
列，以此尽可能达到得丰满和精美的效果。一
般来说，我欣赏容器内的植物展示其繁茂。然而，
我也很喜欢容器中单株植物的展示，特别是作
为一个焦点但有时又连续重复。这是一种极简
主义的方法。它散发着宁静的气息，可以与华
美的种植同样精彩。

当你种植花罐时，应考虑把它们放在哪里。
你想为你和访客营造刺激还是宁静的氛围？它适
合那块区域么？如果那块区域是一个闲聊的地
方，你可能想要用引人注目的色彩促进交谈。如
果你对激发灵感更感兴趣，则需要进一步研究，
采用色彩更宁静的种植，或有序地布置单株植物。

你会往种植容器里四季变换的种植中或多或
少放一些多年生植物吗？也许通过建筑学的方式
处理植物会更利于观赏和维护。常见的一种创造
充满活力场景的方式是种植大量持续整个夏天的
一年生植物。如果你想用容器遮掩一些不想看的
东西，可能需要在其中种植多年生遮蔽性植物。

确保你的容器数量与你可用的浇水时间相匹
配。小罐需要频繁地浇水，除非你种的是仙人掌。
为植物选择大小适当的花罐，使之不会因为植物
生长迅速而空间局促。如果你对花罐的尺寸有任
何疑虑，询问经验丰富的苗圃人员。他们会给你
一些关于植物最终尺寸及其达到最终尺寸的时间
的建议。

我要说最后一件关于布置的事。如果你打算在木平台、屋顶或其他地上结构上放置一个或多个大型容器，应当请工程师计算该结构的承重范围以打消你的疑虑。确保你的植物保持生机勃勃，免于遭受结构破坏的惊吓。你可以通过在根部下方使用轻质盆栽基质和其他轻质材料大大减少容器的重量。事实上，现在市面上有许多新的轻质容器，有些看起来就像真的赤土陶或陶瓷。一些制造商也会以多种方式回收用后的废料。

花园派对或开放花园

无论你选择向公众或花园俱乐部的客人开放你的花园以供观赏，还是决定在花园里举办一场派对，毫无疑问你会希望这个事件是成功的。除了放置盆栽植物、艺术品和家具还有更多事情需要考虑。

营造气氛

营造气氛是一种艺术。对开放花园或派对来说，有相当多的事物是必需的，而其他事物则是锦上添花的。如果你的活动是从黄昏直到傍晚，你将需要照明——很可能不仅仅是花园的户外照明。为了营造一种特定的情绪或主题，考虑在主要聚集区的上方或周围使用一些装饰性的、趣味的照明。蜡烛是令人愉快的，只要你能解决风的问题，将它们安全地布置在室外。尽管圣诞灯（蜡烛置于足够大小的底部有砂的纸袋子里）不是对

全年所有时间都适用，但它们在西班牙主题等花园中尤为漂亮。如果你愿意的话也可以使用其他多种材料的容器，只要它们在蜡烛燃烧的热量下工作良好。防风灯是一个不错的选择。记得把光线控制在你的地产范围内。

除了照明，你可能还希望提供其他装饰物来营造合适的氛围。桌上的功能性艺术通常以台布、盘子、水罐、碗、花或水果和蔬菜的形式展现，它们都有助于营造派对氛围。多年前我参加的一场派对在墨西哥瓜达拉哈拉的一个

一个小小的早午餐环境与正值盛开的老杜鹃花相协调。作者的花园。

古老庄园的石头墙下举办。我们周围的墙壁装饰着成排的茶灯，到处闪烁着。每张桌子的中心是一个华丽的（且巨大的）由鲜花、柠檬和绿色植物装饰的烛台。

甜品被铺开摆放在桌面上供客人品尝。许多大型吹制玻璃球（据说是为了抵御苍蝇）和甜品放在一起装饰着桌面。玻璃球反射着每个茶灯和蜡烛的闪烁之光。场景壮观而令人难忘。

音乐是为派对（或开放花园）营造一种情绪和创造一个主题的另一重要因素。开放花园的音乐一般会更悠闲和令人放松。古典吉他或新时代钢琴（new-age piano）是极佳的开放花园的音乐。派对音乐可以是任何让你感觉良好和欢快的风格，只要不太吵或令人不快。记住，应考虑你将置身于一座花园。邻居会感谢你，但如果你也邀请他们，他们会更感谢你。

无论你决定做什么，花园的不完美都可以接受。自然的力量影响着花园，让完美几乎不可能。尽力去维护花园然后顺其自然。有时候，最有趣的花园有部分区域还在施工，对于客人而言，这是绝妙的学习机会。

人群控制技巧

游客人数越多，花园面积越大，人群控制越重要。你不可能无处不在。尽量避免使用引导标志，因为它在一个花园里通常很碍眼。

大体说来，你试图阻止人们到达你不希望他们去的地方，或者把人们吸引到你想让他们去的地方。以下是一些我在开放花园时使用的技巧，

它们同样适用于大型的派对：

- 在一条你不希望客人闲逛的小路前放置一个大型的种植（或空的）花罐，或者一件笨重的花园艺术品。它应该足够大，并且让人很难通过。如果区域较宽，你可以使用两盆华丽的植物来支持一根竹竿。

- 如果你有一个脆弱的、不想被弄坏的椅子，在椅子上放一个特殊的盆栽植物或艺术品作为展示。

一个美丽而脆弱的竹椅子上展示着一个特殊的花盆，防止有人坐上去。作者的花园。

- 如果你想吸引人去花园的特定区域，你可以把旗帜、灯光、一个精美的风向标，或别的有创意的物件作为吸引物。虽然气球也是一个方案，但是你要负责保持它们被固定在地上。不要让它们飘入平流层，在那里它们能导致环境破坏。
- 用明亮的色彩来吸引人的注意，与花园的某块区域或你的房子相协调。
- 如果你正引导人们沿着小路到达派对目的地，在小路两侧用乔木、柱子、大灯笼或种植容器明显地标记路径的开端。然后沿着路径重复某种装饰物，并与路径开端相关联。

比如你可以重复颜色、材料或形式，只要它足够明显。

- 如果你不得不使用一个标志，你要尽可能温柔婉转地表达你要表达的内容。"请"和"谢谢你"是常用的婉转词汇。炫目的颜色可能会让人觉得你在喊叫。如果你用标志来识别植物，谨慎为之。

开放花园的礼仪

行为不端的客人是个噩梦，没有一个花园主人应当忍受。看到你最喜欢的植物在一个冒失的、为了闻一朵花而踏入花境的客人脚下被踩扁，可

开放花园的客人正在观赏植物和讨论植物类别、花园设计等等。Michael Schultz 和 Will Goodman 的花园。

以激怒最为克制的主人。许多植物园都向游客展示参观指南或规则，希望他们会遵守。他们寻求的只是客人尊重花园的神圣性和改善所有参观者的体验。

对于业主而言，分发一张花园礼仪指南可能有点奇怪。你希望人们自己知道在花园里应有的合适行为。然而，事实（总是比小说更奇怪）是有些人不知道如何尊重一个花园。对于一个开放花园，如果我对参观者存在一些疑虑，那么我不会因为声明观赏花园的行为规范而感到羞愧。如果你打算开放花园给公众参观，这就是尤其重要的。如果你打算邀请别的花园俱乐部成员，可能会期待他们有较好的行为举止。即使如此，也是无法保证的。

缺乏经验者须知的花园礼仪

你可以研究植物园展示的参观礼仪。它们的列表可能比我的更长。然而，对于一般的花园业主而言，下列对于游客的期望应该足够了。

- 留在步道或修剪过的草坪上。不要走进种植床或水景。请走楼梯。
- 保持鲜花、植物的完整性供所有人欣赏。不要假定剪下一小片是没关系的。向主人咨询该植物的信息，以及它是从哪里购买到的。如果它不易获得，主人也许会为你剪下一枝。
- 不要向花园主人请求使用洗手间，除非他或她已表明洗手间是可用的。
- 保持植物标签在适当的地方。
- 开放花园不是一个专业拍照的地方。请勿使用三脚架拍摄照片。如果主人同意，单脚架可能是允许的。不要叫其他参观者离开你的照相区域。耐心等待，直到他们离开。

- 如果在花园里发现了野生动物，请保持距离。
- 在密集的种植区域，当心你的伞、手袋、相机不要损伤植物。
- 关掉手机和其他产生噪声的设备，尊重他人安静享受花园的权利。
- 不要在花园里吃东西，除非花园主人提供点心。
- 永远不要把垃圾扔在花园里，随身带出或者放入园主提供的垃圾桶里。
- 禁止吸烟。烟头靠近某些植物时可以传播烟草花叶病毒。二手烟不仅是不愉快的，它也可以杀死植物。
- 儿童、宠物（除非导盲犬）和播放设备不允许携带入花园。
- 如果你在花园里做出令人不快的评论，确保主人听不到你。如果你有赞许的评论，确保主人听到你。

请依据你的期望自由调整"缺乏经验者须知的花园礼仪"清单。如果我列入儿童使你紧张，不是因为我不爱或不喜欢儿童，我当然喜欢！但是，我不爱撕抽植物叶片的孩子，吃掉植物有毒部位的孩子，或者打碎我的玻璃艺术品又割伤自己的孩子。儿童爱探索，这是他们的天性。当他们的父母自己全神贯注于识别植物或谈论他们之前从未见过的植物时，小孩子就开始肆意妄为。当儿童以及他们的父母在派对中参观我的花园时，我们一般会在同一个区域，这比让他们在整个开放花园中闲逛更容易照看。警告他们的父母花园中有些植物有毒也能起到帮助。

成功的策略

成功的派对通常都有几个原因：非凡的人物和对话，绝妙的食品和饮料，令人惊叹的氛围。在任何时候人们都感觉受到欢迎和尊重。以下是一些营造一个成功的开放花园的建议，以及举办一次成功的花园派对的建议列表。

开放花园的策略

- 公告。一般来说，开放花园通过新闻媒体或花园俱乐部进行宣布。通常提前进行计划，比如早在前一年的 12 月就将你的花园列入开放花园小册子是常见的事。如果是在一个公开出版物中发布公告，可能需要长达一个月的出版周期，这取决于出版物。
- 氛围。简单是最好的，往往只需要一张签到桌（在阴影下）与一个客人可以给你的花园留下评论的留言簿。考虑在桌上摆放一个花瓶，插着从你的花园里摘取的花，这能给游客一个关于即将看到什么的提示。记住，人们来到这里想要看到你的花园，并且观赏、讨论并从中学习花园的设计、植物和艺术品。
- 食品和饮料。一些简单的饮料比如冰茶、水或柠檬水，特制的曲奇或开胃食品也是不错的选择。
- 垃圾容器。在食品和饮料服务处附近提供一个垃圾容器。
- 卫生间。卫生间是不必要的，但你可能要保持它的整洁。以防万一有紧急情况。
- 花园的可达性。对于开放花园的客人一般直接就能进入。花园可能会有一个明显的门或入口，但如果没有的话，把欢迎桌摆放在靠近人们进入花园的位置。
- 音乐。音乐不是必要的，但若有会令人愉快。播放舒缓的音乐伴随游客漫步在你的花园。现场音乐是一种特殊的款待，尤其如果乐器是一架竖琴。

花园派对的策略

- 邀请。尽可能全面地发出邀请，让客人知道日期、时间、地点、服装要求和其他任何对他们的期望，以及他们可能对你的期望。
- 氛围。装饰可以非常精致，只要你有时间。让它们与花园以及你的房子外观互为衬托。简单优雅，始终是良好的品位，而且往往最容易实现。所有你需要的可能是一些精心选择的派对专用饰品。如果你有时间、精力和预算，客人会欣赏你的热情。

- 食品和饮料。你可以自己提供所有的茶点或吃顿百乐餐。如果你提供茶点，考虑在户外，这样你就可以与客人一起待在花园里。提前做好容易从室内取出的食品。尽量减少需要冷冻或冷藏的食品，或等到你知道人们想吃时再取。考虑是否提供素食者的选择。新鲜的本地食物在花园环境中是非常受欢迎的。毕竟花园是生长食物的地方。

- 垃圾容器。在食品和饮料服务处附近提供一个垃圾容器。

- 卫生间。确保客人使用的卫生间干净，因为它会在派对中经常使用。把一篮美丽的肥皂、额外的卫生纸、一条典雅的手巾（当是花园主题），以及一盒纸巾放好备用。有香味的蜡烛是个好主意，就像你的花园里的鲜花。

- 配备。织物桌布和餐巾是极好的餐桌布置；漂亮的盘子、玻璃器皿、餐具和餐桌装饰都

一个聚集在水池和餐桌周围的大型花园派对，花园创造了一个宏大的环境。Maryellen Hockensmith 和 Michael McCulloch 的家。

是受欢迎的配备。尽量避免使用纸张和塑料，特别是当派对规模较小时，这是一个更可持续的选择。

- 派对的可达性。人们会穿过房子还是直接进入花园？在请柬上预先告知宾客进入花园的方式。
- 音乐。背景音乐或舞曲，是派对社交必需的。播放适合你客人年龄的音乐，如果客人包括多种年龄段，则播放所有年龄都能欣赏的乐曲。如果你的客人对于交谈更感兴趣，播放轻柔的、让人放松而不是昏昏欲睡的背景音乐。

开放花园的维护准备

开放的花园对研究植物的书呆子来说是个聚会、热烈交谈，以及对植物抛媚眼的好机会。当我为开放花园做准备时，我会把大的黑色育苗罐藏置在超过半英亩外的花园周围。我倾向于每日在花园穿行时除草。黑色育苗罐成为杂草的仓库，直到最后一刻它们消失于堆肥中。有时成熟的堆肥就可以帮助覆盖和消灭小的杂草，这取决于你在一年中开放花园的时间。方便的工具，如除草刀（hori-hori）、鳕鱼角除草器（CapeCod

这绚烂的花园带来了全年的乐趣。Bruce Wakefield 和 Jerry Grossnickle 的花园。

weeder），或推拉锄可以快速除去即使扎根最深的杂草。有时候一对护膝也很好用。

当然，你知道我会提及应该充分提前浇灌你的花园（假设你的花园需要充足的水才会看起来不错）。你可以在早晨浇灌花罐。确保植物不会无缘无故地萎蔫。

在除草之余，除去凋谢的花也能保持植物外观整洁。另一个好处是它能催开更多的花。一把得心应手的修枝剪也能帮助你剪除枯枝、棕色的叶尖和偶尔侵入的外来植物。

你让自己的花园得以实现。你开放花园或举办花园派对进行庆祝。现在，充分享受它吧。如果你在花园建造完毕之前不是园丁，那么现在你可能对园艺更感兴趣。我希望如此。你的花园将需要维护以保持最佳状态。培育你的花园作为你对自然一直以来养育着你的回报。有时一块区域将需要一次全面彻底的翻修。植物因多种原因而死亡，或者冬季顶梢枯死。这给了你下一次去尝试不同事物的机会。

在自己的花园里，我确保展现通透的、广阔的冬季景观。即使这样，我也无法从室内观赏到消失的落叶植物或冬眠的多年生植物以外的很多地方。好奇心促使我走出去看看发生了什么。这让我与花园、我们的社区，以及整个地球保持联系。

如果你期望看到完成的假想花园的照片，那么我需要提醒你它是假想的。假想花园最好的照片在你的想象中。让你的想象力在一年四季中不断激发灵感吧。

参考文献

Alexander, Christopher, Sara Ishikawa, and Murray Silverstein. 1977. *A Pattern Language: Towns-Buildings-Construction*. New York: Oxford University Press.

Alexander, Rosemary. 2009. *The Essential Garden Design Workbook*. 2nd ed. Portland, OR: Timber Press.

Alexander, Rosemary, with Karena Batstone. 2005. *A Handbook for Garden Designers*. London, England: Casselli Illustrated.

Anderton, Stephen. 2009. It's time to see the bigger picture in your garden. *Times Online*, May 30. http://property.timesonline.co.uk/tol/life_and_style/property/gardens/article6387981.ece.

Brookes, John. 1991. *The Book of Garden Design*. New York: Macmillan.

———. 2002. *Garden Masterclass*. London, England: Dorling Kindersley.

Ching, Frank. 1975. *Architectural Graphics*. New York: Van Nostrand Reinhold.

Colman, David. 2003. Havens; Out in the garden, a reputation blooms. *New York Times*, July 11. http://www.nytimes.com/2003/07/11/travel/havens-out-in-the-garden-a-reputation-blooms.html.

Eck, W. Joseph. 2005. *Elements of Garden Design*. New York: North Point Press.

Glass, Penny. 2002. What do babies see? Lighthouse International *VisionConnection*, Summer. http://www.lighthouse.org/medical/childrens-vision/what-do-babies-see.

Green, Emily. 2008. All hemmed in. *Los Angeles Times*, February 7.

Healing gardens nurture the spirit while patients get treatment. 2002. ACS News Center, July 24. http://www.cancer.org/docroot/FPS/content/FPS_1_Healing_Gardens_Nurture_the_Spirit_While_Patients_Get_Treatment.asp.

Hemenway, Toby. 2009. *Gaia's Garden: A Guide to Home-Scale Permaculture*. 2nd ed. White River Junction, VT: Chelsea Green.

Hobbs, Thomas. 2004. *The Jewel Box Garden*. Portland, OR: Timber Press.

Julius, Corinne. 2007. In the name of art? *The Garden*, May. http://www.thinkingardens.co.uk/corrine's%20piece.html.

Karlen, Mark, and James Benya. 2004. *Lighting Design Basics*. Hoboken, NJ: Wiley.

Kellert, Stephen R., and Edward O. Wilson. 1993. *The Biophilia Hypothesis*. New York: Island Press.

Kingsbury, Noel. 2005. *Gardens by Design*. Portland, OR: Timber Press.

Lovejoy, Ann. 2001. *Organic Garden Design School:*

A Guide to Creating Your Own Beautiful, Easy-Care Garden. Emmaus, PA: Rodale.

McAlester, Virginia and Lee. 2003. *A Field Guide to American Houses*. New York: Knopf.

McDonough, William, and Michael Braungart. 2002. *Cradle to Cradle: Remaking the Way We Make Things*. New York: North Point Press.

Meadows, Keeyla. 2002. *Making Gardens Works of Art*. Seattle, WA: Sasquatch Books.

Miller, Naomi. 2001. Can lighting help people with aging eyes? Naomi Miller Lighting Design Web site. http://www.nmlightingdesign.com/topics/index.php.

———. 2004. Light and health: The new drugs. Naomi Miller Lighting Design Web site. http://www.nmlightingdesign.com/topics/LightAndDark.pdf.

Oudolf, Piet, with Noel Kingsbury. 1999. *Designing with Plants*. Portland, OR: Timber Press.

Owen, David. 2007. The dark side: Making war on light pollution. *New Yorker*, August 20. http://www.newyorker.com/reporting/2007/08/20/070820fa_fact_owen.

Pergams, Oliver R. W., and Patricia A. Zaradic. 2008. Evidence for a fundamental and pervasive shift away from nature-based recreation. *Proceedings of the National Academy of Sciences* 105 (February 19): 2295–2230. http://www.pnas.org/content/105/7/2295.full?sid=ec9ddc59-f066-4357-ab6e-ebf74b2848d0.

Pickering, Craig. Gestalt design laws: Seeing is believing? http://www.squidoo.com/gestaltlaws.

Reid, Grant W. 2007. *From Concept to Form in Landscape Design*. 2nd ed. New York: Wiley.

Rossi, Ernest Lawrence. 2004. *A Discourse with Our Genes: The Psychosocial and Cultural Genomics of Therapeutic Hypnosis and Psychotherapy*. London: Kamac Books.

Timiras, Paola S. 2007. *Physiological Basis of Aging and Geriatrics*. 4th ed. New York: Informa HealthCare.

Tolle, Eckhart. 1999. *The Power of Now: A Guide to Spiritual Enlightenment*. Novato, CA: New World Library.

Williams, Robin. 1995. *Garden Design: How to Be Your Own Landscape Architect*. Pleasantville, NY: Reader's Digest.

Woy, Joann. 1997. *Accessible Gardening: Tips and Techniques for Seniors and the Disabled*. Mechanicsburg, PA: Stackpole Books.

索引